智能简史

[加] 于非 ——
著

从大爆炸到元宇宙

清华大学出版社
北京

内 容 简 介

本书系统讲述智能现象的简要历史。

全书共分为 10 章。第 1 章介绍本书的写作背景、对智能的不同定义、围绕智能现象的问题、本书对智能现象的新假说；第 2 章介绍宇宙从无到有的过程、不安分的宇宙、改变以稳定宇宙；第 3 章介绍物理学中的智能现象、重力智能、重力和暗能量、最小作用量原则、量子隐形传态；第 4 章介绍化学的简要发展历程、耗散结构、熵增、最大熵产生；第 5 章介绍生物学中的智能现象、生命的定义、生命为什么存在、微生物中的智能、植物中的智能、动物中的智能；第 6 章介绍大脑中的新皮质结构、人类特殊的思维方式、关于大脑的理论、信息过载与信息茧房；第 7 章介绍 1950 年以前的智能机器、人工智能的诞生、符号主义、联结主义、行为主义、学派之争与统一、通用人工智能、智能的本质和智能科学；第 8 章回顾人类科技历史中涉及的几个重要因素，介绍促进宇宙稳定的技术发明、物质网联、能源网联、信息网联、获取智能、基于智能网联的自动驾驶、基于智能网联的集体强化学习、对智能的数学建模；第 9 章介绍元宇宙的背景、元宇宙的概念与特征、元宇宙涉及的主要技术、元宇宙的演进；第 10 章给出了本书的总结与未来展望。

本书是科普读物，也可以作为人工智能学习、研究、开发的参考用书。

北京市版权局著作权合同登记号 图字：01-2022-1888

本书封面贴有清华大学出版社防伪标签，无标签者不得销售。
版权所有，侵权必究。举报：010-62782989，beiqinquan@tup.tsinghua.edu.cn。

图书在版编目（CIP）数据

智能简史：从大爆炸到元宇宙/（加）于非著. —北京：清华大学出版社，2022.5
ISBN 978-7-302-60631-4

Ⅰ．①智… Ⅱ．①于… Ⅲ．①人工智能－普及读物 Ⅳ．①TP18-49

中国版本图书馆 CIP 数据核字（2022）第 065129 号

责任编辑：盛东亮 崔 彤
封面设计：李召霞
责任校对：李建庄
责任印制：杨 艳

出版发行：清华大学出版社
　　　　　网　　址：http://www.tup.com.cn，http://www.wqbook.com
　　　　　地　　址：北京清华大学学研大厦 A 座　　邮　　编：100084
　　　　　社 总 机：010-83470000　　　　　　　　邮　　购：010-62786544
　　　　　投稿与读者服务：010-62776969，c-service@tup.tsinghua.edu.cn
　　　　　质量反馈：010-62772015，zhiliang@tup.tsinghua.edu.cn
　　　　　课件下载：http://www.tup.com.cn，010-83470236
印 装 者：三河市东方印刷有限公司
经　　销：全国新华书店
开　　本：170mm×230mm　　印　张：12.25　　字　　数：108 千字
版　　次：2022 年 6 月第 1 版　　　　　　　　　印　　次：2022 年 6 月第 1 次印刷
印　　数：1～2500
定　　价：69.00 元

产品编号：096385-01

智能是怎样产生的？

为什么智能一直在进化，从非生物、植物、非人类动物到人类？

我们能制造出比人类更智能的机器吗？

人们早就想回答上述问题，但迄今为止，这些问题也没有令人满意的答案。近年来，人工智能（Artificial Intelligence，AI）的发展广泛引起了人们对智能现象和智能本质的关注。

荷兰哲学家巴鲁赫·德·斯宾诺莎（Baruch de Spinoza）曾说过"人类所能企及的最高活动就是为明白而学习，因为明白了就获得了自由。"本书源于我为了明白智能现象和智能本质而做的研究和探索。

虽然近些年人工智能在一些领域取得了令人振奋的成

果,但是目前大多数人工智能的研究开发工作主要集中在工程技术领域。对智能本质理解的不全面制约了人工智能的发展。"你无法在造成问题的同一思维层次上解决这个问题,"爱因斯坦说,"你必须超越它并达到一个新的层次,才能解决这个问题。"

在研究智能现象和智能本质的过程中,我们的目光不能仅局限于人类的智能,而应该超越人类的智能,考虑宇宙中不同的事物,达到一个新的层次,在新的层次上研究和探索智能现象和智能本质。

本书介绍了从宇宙诞生开始各种各样的智能现象,包括物理学中的智能、化学中的智能、生物学中的智能、人类的智能和机器的智能,向世人揭开智能的神秘面纱,探索智能这种自然现象。如果把明白智能当作千里之行,那么本书便是尝试迈出的第一步。

通过观察从宇宙诞生开始发生的各种各样的智能现象,我们会发现,智能是一种自然现象,类似于其他自然现象(如岩石滚动和冰雪融化)。这些现象的发生是为了促进宇宙的稳定,智能现象也不例外。

这个假说可以帮助我们理解智能的本质和解释宇宙中的所有事物,包括植物、动物、人类和元宇宙,它们都有一个共同点：在宇宙趋向稳定的过程中起到推动作用，而智能现象就在这个过程中自然而然地发生。不同的智能现象只是在为宇宙的稳定做出贡献的维度上和效率上的不同。

本书的观点可能会触犯人类集体的"自尊"，并会撼动人类在宇宙的中心地位。然而，在人类过往的历史中，地球被哥白尼革命逐出了宇宙的中心，人类因达尔文革命而脱离生物的顶峰。因此，当我们了解到我们都引以为豪的人类智能实际上类似于岩石滚动和冰雪融化时，我们不必感到特别震惊。

本书共分 10 章，内容涵盖宇宙起源过程中的物质、能量和空间，物理学中的重力、最小作用量原则，化学中的耗散结构、熵增、最大熵产生，生物学中生命的定义、生命的出现、植物中的智能、动物中的智能，人类大脑的新皮质结构、人类特殊的思维方式、大脑的理论，机器中的人工智能符号主义、联结主义、行为主义、通用人工智能，元宇宙与现实世界等。

愿与诸位读者共勉。

感谢胡绍鸣对本书做出的贡献，他把最小作用量原则和化学中的耗散结构介绍给我。感谢我的学生和光明实验室的同事对本书中的插图和文字进行编辑和修改，使本书的内容更加清晰形象、概念的解释更加具体明确。感谢清华大学出版社盛东亮和崔彤等编辑的大力支持,他们认真细致的工作保证了本书的质量。

　　由于作者水平有限,书中难免有疏漏和不足之处,恳请读者批评指正!

作　者

2022 年 1 月

CONTENTS

目录

第1章

引言

　　人类所能企及的最高活动就是为明白而学习，因为明白了就获得了自由。

——斯宾诺莎

　　你无法在造成问题的同一思维层次上解决这个问题，你必须超越它并达到一个新的层次才能解决这个问题。

——爱因斯坦

　　在短暂的人类历史中，人类已经完成了无数令人惊叹的壮举，我们在月球上行走，掌握飞行技术，创造出元宇宙，等等。在不到7万年的时间里，人类已经从无足轻重的动物进化成一个即将"成神"的物种，拥有神般的创造能力。许多人用各种理论和假说试图解释为什么人类是地球上最智能的物种,比如我们拥有复杂的大脑、神经系统、八卦能力、语言等。

但是事实果真如此吗?新型冠状病毒在短短数月内肆虐全球,人们所认为不"智能"的新型冠状病毒,却夺走了超过600万"智能人类"的生命(截至2022年3月)。可大多数病毒的构造其实相当简单,无非是核酸(DNA或RNA)外面包裹着称为"衣壳"的蛋白亚单位。它们没有大脑,没有神经,没有血液,甚至没有完整的细胞结构!当然,我们可以研制有效的疫苗和药物来对抗病毒,但是人类在第一轮和病毒的较量中损兵折将、大败亏输,而且未来病毒卷土重来并产生变异的可能性很大。那么在这场战斗中,新型冠状病毒与人类相比,谁更智能?这就是一个值得商榷的话题了。

回首过往,人类历史上因病毒而遭遇的大型灾难并不罕见。13世纪的黑死病夺走了欧洲三分之一人口的生命,1918年的西班牙流感夺走了5000万人的生命,甚至在21世纪的今天,人类仍遭遇了2014年的埃博拉病毒大爆发,以及如今肆意横行的新型冠状病毒。多次的经验教训让我们深知,病毒的威力不容小觑。病毒这种最"低级"的生命体,在地球上却已经存在了40亿多年。相比之下,人类大约7万年的短暂历史不过是沧海一粟。

有的人认为,人类作为生物,至少比非生物更智能。然而，在人类的生活中，远距传物目前仅存在于科幻小说中，可事实上，在微小的亚原子粒子中，远距传送是可实现的，量子隐形传态允许相距很远的两方在没有通信通道的情况下交换信息，从这个例子可以看出，微小的粒子也许比人类更智能！

有人可能会争辩说，病毒和量子粒子的能力不应该被称为智能。确实在大多数人的心目中，人类一直被当作智能研究的主要对象，例如人类认知科学和生理学。但近期研究表明，非人类的动植物，甚至非生物，都表现出智能的行为。

什么是智能？在我们的日常生活中它似乎是一个具有具体定义的词，但其实一个抽象的、可量化的智能概念是很难定义的。"智能"一词源自拉丁语名词 intelligeria 或 intellēctus，后者又源自动词 intelligere，意思是"理解"或"感知"。大量的关于智能的研究文献就智能的定义各执一词，较有争议。什么是智能，以及它是否可以量化，目前还没有一个公认的答案。

早在人类出现之时，对智能现象和智能本质的追求就已经存在。近年来，以深度学习为代表的第三次人工智能浪潮席卷全球。一方面，有些人很高兴看到可以创造出具有人类智能的机器，帮助我们解决诸如自动驾驶、气候变化及蛋白质结构等问题。例如，任职于谷歌的瑞·科泽维尔（Ray Kurtzweil）对将至的未来做了一个展望，提出了"奇点（the

Singularity)"一词。在奇点中,人工智能通过其自我改进和自主学习的能力,将在 2040 年达到甚至超过人类智能水平[1]。此外,有些人对人工智能的进步感到恐惧,例如特斯拉和 SpaceX 公司的创始人埃隆·马斯克(Elon Musk)表示,人工智能可能是"我们最大的生存威胁",并且认为"我们正在以人工智能召唤恶魔"。一些著名的思想家对此进行了反驳,称近期任何关于超人类人工智能的报道都被夸大其词。麻省理工学院(MIT)人工智能实验室前任主任罗德尼·布鲁克斯(Rodney Brooks)表示,"我们严重高估了机器在当下和几十年后的能力。"心理学家和人工智能研究员加里·马库斯(Gary Marcus)则表示,"大部分人类级别的人工智能发展已进入瓶颈期。"

在研究人类智能时,智能通常与理解、学习、推理、计划、创造力、批判性思维和解决问题的能力有关。动物智能也经常被作为智能的研究对象,比如动物在解决问题及数字和语言推理能力等方面展现的智能。动物智能常常会被误认为本能,或者是完全由遗传因素所决定的。研究人员为了研究动物智能也做了大量的观察和实验。比如,把一根香蕉挂在关有黑猩猩笼子的顶部,并且在笼子里放一个木箱。在奋力跳跃抓香蕉无果后,黑猩猩发现了木箱,观察后选择把木箱放到香蕉下面,爬上箱子,从箱子上面使劲跳跃,最终拿到了香蕉。

植物也很聪明。我们通常会把植物看作"被动"存在的东西，但研究人员发现，植物不仅能够从过去的经验中学习区分正面和负面，而且还能够进行交流，准确计算它们的处境，使用复杂的成本效益分析并采取严格控制的行动。比如，科学家曾经对菟丝子这种不进行光合作用的寄生植物做过研究。科学家把一些单独的菟丝子移植到一些营养状况不同的山楂树上，发现菟丝子会选择缠绕在营养状况更好的山楂树上。

关于智能，心理学、哲学和人工智能方面的研究人员有数百种不同的定义。正如美国心理学家罗伯特·斯滕伯格（Robert J. Sternberg）所说，"智能的定义跟试图去定义它的专家一样多。"通常情况下，智能可以被定义为"一个个体在广泛的环境中实现目标的能力"或者"一个个体为了生存而积极重塑自身存在的能力。"[2]

从这个意义上说，智能不仅存在于生物中，如病毒，也存在于非生物中，如量子粒子。尽管如此，似乎在人们的认知里，人类总是比非人类、植物和非生物更加智能。

如果你相信达尔文的进化论，你可能很自然地认为智能是通过自然选择产生和发展的。然而，自然选择只解释了生物系统的出现，却很难解释它们必须具有哪些特征，例如生物的积极性、目的性、奋斗性（"繁殖力原则"），以及在没有自然选择的情况下复杂程度的增加。因此，仅用简单的进化理论来解释智能是一件困难的事情。

"人类所能企及的最高活动就是为明白而学习,"荷兰哲学家巴鲁赫·德·斯宾诺莎(Baruch de Spinoza)曾说过,"因为明白了就获得了自由"。这本书源于我为了明白智能而做的研究和探索。

我相信智能是一种自然现象,就像岩石滚动和冰雪融化般自然的现象。智能可以像许多其他现象一样,通过建立简化模型来进行研究,如果智能是一种自然现象,我们是否能回答以下这些问题?

- 智能是怎样产生的?
- 为什么智能一直在进化,从非生物、植物、非人类动物到人类?
- 我们能制造出比人类更智能的机器吗?
- 如何衡量智能?
- 我们能否尽可能完整、严格和简单地理解不同形式的智能?

"你无法在造成问题的同一思维层次上解决这个问题,"爱因斯坦说,"你必须超越它并达到一个新的层次,才能解决这个问题。"在研究智能的过程中,研究的对象不能仅局限于人类,而应该超越人类的层次,考虑宇宙中不同的事物,在更高的层次上研究智能。

当我们在更高的层次上研究智能时,考虑到宇宙中不同的事物,将会发现智能是一种自然现象,和其他自然现象(如岩石滚动和冰雪融化)类似。这些现象都是为了促进宇宙的稳定而出现的。

我明白上述观点非常"危险",因为这种观点可能会触犯到人类集体的"自尊"。人类总是觉得我们处于食物链的顶端,认为人类的智能是其他动物所望尘莫及的。然而,在人类过往的历史中,我们曾经认为我们居住的地球是宇宙的中心,这个想法被哥白尼革命无情推翻;人类曾经认为我们是造物主唯一的恩宠,这个想法也被达尔文革命无情颠覆。因此,当我们了解到我们都引以为豪的人类的高级智能实际上类似于岩石滚动或者冰雪融化的时候,我们不必感到不适和震惊。

这里简要解释一下这个观点。宇宙起源于大爆炸,从一开始,宇宙中的成分就分布不均,造成在一定距离上,总是存在各种各样的差异(如能量、质量、温度、信息等)。这种差异称为梯度,由于梯度的原因,宇宙是不稳定的,宇宙中的一切都从未静止过。正如生态学家埃里克·施奈德(Eric Schneider)所说,"自然界厌恶梯度。"因此,宇宙中的每个组成部分都在各司其职地改善不平衡的现象,使宇宙更加稳定。此外,每个组成部分的稳定过程都会以分布式的方式发生,不会以集中的方式发生。简单的例子如我们日常生活中的从山上滚下的滚石和融化的冰雪,复杂的例子如生物进化、集体智慧、社交网络、元宇宙等。

这个假说可以解释宇宙中的所有事物,包括粒子、岩石、病毒、植物、人类和元宇宙,它们都有一个共同点:在宇宙趋向稳定的过程中起到推动作用,而智能就在这个促进宇宙稳定的过程中应运而生。那么,为什么宇宙中存在各种各样的事物呢?在不同的环境中,不同的约束条件限制了稳定宇宙的能力,每个事物(如粒子、岩石、人、公司、社会和元宇宙)在约束条件的限制下以最有效的方式去缓解不平衡这个"症状",从而汇小流成江海——稳定宇宙。从这方面分析,宇宙中不同事物之间的主要区别有以下几点。

- 物质:缓解能量不平衡,使宇宙更稳定。
- 非人类生物:缓解能量、物质和有限信息的不平衡,使宇宙更加稳定。
- 人类:缓解能量、物质和更多信息的不平衡,使宇宙更加稳定。

一个稳定的过程会涉及一系列"状态转换",而不仅仅是依靠一个简单的步骤就可以实现。一个"状态转换"的过程是在同一框架下整体统筹和安排而形成的整体变化,相应地形成与之匹配的功能。从不同事物出现的时间线能够观察到,与宇宙中较旧的事物相比,新事物具有更复杂的结构,并且可以在更多维度上以更高的效率为宇宙的稳定性做出贡献。我们将在本书的其余部分解释这些观点。

参考文献

[1]　Kurzweil R. The singularity is near[M]. New York：Viking，2005.

[2]　Legg S，Hutter M. A collection of definitions of intelligence[J]. Advances in Artificial General Intelligence：Concepts，Architectures and Algorithms，2007，157(1)：17-24.

第2章

使宇宙更加稳定

宇宙生来就是躁动不安的，从那以后就再也没有静止过。

——亨利·卢梭（Henri Rousseau）

智力是适应变化的能力。

——斯蒂芬·霍金（Stephen Hawking）

2.1 宇宙从无到有：物质、能量和空间

我们所处的宇宙，是广袤空间和其中存在的各种天体及弥漫物质的总称。人们一直在探寻宇宙是什么时候、如何形

成的。宇宙起源是一个极其复杂的问题。直到 20 世纪，出现了两种比较有影响的关于宇宙起源的模型：一是宇宙恒稳态理论，二是大爆炸理论（The Big Bang Theory）。宇宙恒稳态理论认为：宇宙的过去、现在和将来基本上处于同一种状态，从结构上说是恒定的，从时间上说是无始无终的。而大爆炸理论认为宇宙和时间的开始都源起于宇宙中一次巨大的爆炸，这一爆炸造成了各大星系，而各大星系，以及整个宇宙总是处于不断变化和发展的过程中。1927 年，比利时宇宙学家和天文学家乔治·勒梅特（Georges Lemaître）首次提出了宇宙大爆炸假说[1]。

20 世纪 20 年代后期，埃德明·哈勃（Edmin Hubble）发现了红移现象，说明宇宙正在膨胀。20 世纪 60 年代中期，阿尔诺·彭齐亚斯（Arno Penzias）和罗伯特·威尔逊（Robert Wilson）发现了宇宙微波背景辐射。这两个发现给大爆炸理论以有力的支持[2]。

在大爆炸理论中，大约 138 亿年前，整个宇宙，以其令人难以置信的浩瀚和复杂，从之前的虚无中膨胀而出。大爆炸开始时，体积无限小、密度无限大、温度无限高、时空曲率无限大的点，称为奇点。大爆炸之初，物质只能以电子、光子和中微子等基本粒子形态存在。宇宙爆炸之后的不断膨胀，导致温度和密度很快下降，随着温度下降，逐步形成原子、原子核、分子,并复合成为通常的气体。气体逐渐凝聚成星云,星云进一步形成各种各样的恒星和星系,最终形成我们如今所看到的宇宙。

当然,一个关键问题是:上帝是否创造了宇宙大爆炸?我们无意冒犯任何有信仰的人,所以我们把这个问题排除在本书的范围之外。

尽管宇宙浩瀚而复杂,但事实证明,要建造一个宇宙,只需要三种成分:物质、能量和空间[3]。

物质是有质量的东西。物质无处不在,在我们的房间里,在我们脚下,在太空中,如地球上的水、岩石和空气。巨大的恒星螺旋,延伸到令人难以置信的距离。

建造宇宙所需的第二个要素是能量。我们每天都离不开能量,做饭、给手机充电和开车都是在使用能量。在阳光明媚的日子里,我们可以感受到 9300 万英里(1 英里≈1.61 千米)外的太阳所产生的能量。能量渗透到宇宙中,推动着宇宙动态过程的不断变化。

建造宇宙需要的第三个要素是空间,很多空间。无论从哪里看宇宙,我们都会看到向各个方向伸展的空间。

根据爱因斯坦的相对论,质量和能量是同一个物理实体,可以在他著名的方程 $E=mc^2$ 中相互转化,其中 E 是能量,m 是质量,c 是光速。这将"宇宙食谱"中的成分数量从三个减少到两个。

尽管形成宇宙只需要能量和空间这两种成分,但最大的问题是这两种成分从何而来。在大爆炸理论的核心,它解释了能量和空间分别是正的和负的。这样,正负加起来为零,这意味着能量和空间可以从无到有。

可以用一个简单的类比来解释这个关键概念。想象一下,我们想在平坦的土地上建造一座小山,但我们不想从其他地方携带土壤或岩石。建造这座小山,我们可以在这片土地上挖一个洞,用洞里的泥土来建造它。在这个例子中,我们不仅制作了小山,还制作了洞,这是小山的负版。小山曾经在洞里面,在这个过程中它完美地平衡了。换句话说,山和洞可以在平坦的土地上出现。

这就是宇宙开始时能量和空间发生的事情背后原理。当大爆炸产生大量的能量时,它同时产生了相同数量的负能量,这就是空间。正能量和负能量相加为零。

2.2　不安分的宇宙

宇宙闪现之后,并不像看上去那么静止。宇宙中的一切都在不断变化,以使其更加稳定。图 2.1 显示了大爆炸后宇宙演化的时间线。

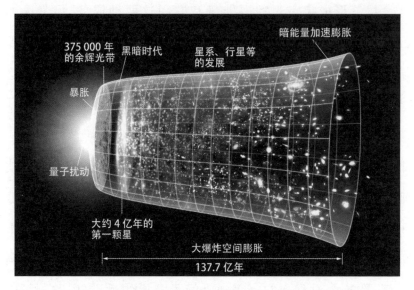

图 2.1　大爆炸后宇宙演化的时间线(维基百科提供)

科学家认为,在大爆炸后的最初时刻,宇宙极其炽热和密集,能量巨大。夸克和电子是构成物质的基石。这些基本粒子在能量海洋中自由漫游。但夸克和电子作为等离子的存在只是短暂的,因为它们被创造的同时也迅速地被湮灭。随着宇宙冷却,大爆炸后大约万分之一秒后,夸克凝聚成质子和核子。几分钟内,这些粒子粘在一起形成原子核,首先形成的原子主要是氢和氦。今天宇宙中存在 73% 氢和 25% 氦丰度来自这个时期的前几分钟。

今天宇宙中存在的比氦大 2% 的原子核是在数十万年后

产生的。电子粘在原子核上以形成完整的原子。由于重力，这些原子聚集在巨大的气体云中，星系由恒星的引力集合形成，这是一种能将任何有质量的物体拉向彼此的力，例如导致苹果从树上掉下来。

地球和太阳等大型物体由于引力和电磁力在运动。除运动外，宇宙一直在稳步膨胀——不断增加嵌入太空中的星系之间的距离。我们可以用发生在一块葡萄干面包上的变化来解释宇宙的膨胀：随着面包的膨胀，虽然面包里的葡萄干彼此远离，但它们仍然卡在面包中。

1912—1922年，美国天文学家维斯托·斯里弗（Vesto Slipher）观测了41个星系的光谱，发现其中36个星系的光谱发生红移，他认为这种现象意味着这些星系正在远离地球[4]。1929年，美国天文学家哈勃的观测表明，星系正以与其距离成正比的速度远离地球，这在传统上被称为哈勃定律。为纪念哈勃的贡献，1990年，美国国家航空航天局（NASA）将发明的空间望远镜命名为"哈勃空间望远镜"。此外，小行星2069、月球上的哈勃环形山均以他的名字来命名。2018年，国际天文学联合会（IAU）投票建议修改哈勃-勒梅特定律的名称，以表彰哈勃和比利时天文学家乔治·勒梅特对现代宇宙学发展的贡献。

在量子世界中研究的原子和亚原子级别的小粒子也由于

弱核力和强核力而运动。小颗粒不仅会移动,而且与我们日常生活中看到的移动相比,它们的移动也很奇怪。量子既可以表现得像粒子一样位于一个地方,又可以像波浪一样,分布在整个空间或同时分布在几个不同的地方。量子另一个最奇怪的地方是纠缠状态:比如我们观察一个粒子时,另一个距离很远的粒子会立即改变它的特性,就好像这两者通过一个神秘的通信通道相连。

2.3 改变以稳定宇宙

为什么宇宙中的一切都在不断变化?尽管它似乎是可证明的基本事实,但目前科学还不能完全回答这个问题。

其中一个可能的原因是,宇宙中的两种成分(即能量和空间)从一开始就使它不稳定,而宇宙中的一切都在不断变化,使宇宙逐步走向稳定。而且,由于空间成分,宇宙中的能量分布极为广泛,在这个稳定的过程中,似乎没有集中控制。因此,每个组件都以分布式的方式为宇宙稳定做出贡献。

这个假说可以解释宇宙中最初物质为什么会形成。为了缓解能量在宇宙中分布的不平衡,物质在宇宙中出现,来有效地传播能量,从而使宇宙更加稳定。这种物质形成过程类似于水蒸气冷却时蒸汽凝结成液滴的方式。水蒸气中的分子比水滴中的分子更分散,密度的变化伴随着能量的扩散。在温暖的环境中,水呈现气态,环境和水处于稳定状态。当环境温度下降时,环境与水之间存在梯度,系统不再稳定。环境处于比水蒸气低的能量状态。为了使该系统更加稳定,水分子的密度会发生变化以促进能量传播。因此,水从气态变为液态。同样,在物质形成过程中,粒子的结构也会发生变化以促进能量传播。

其他一些例子包括我们日常生活中的石头从高处滚下和冰融化成水,更复杂的例子包括生物进化、集体智慧和社交网络中的热议话题。我们将在接下来的章节中详细说明。特别地,由于本书主要对智能感兴趣,我们展示了智能是在稳定宇宙的过程中自然出现的,就像石头从高处滚下和冰融化成水一样自然。

参考文献

[1] Lemaître G. Un Univers homogène de masse constante et de rayon croissant rendant compte de la vitesse radiale des nébuleuses extra-galactiques [J]. Annales de la Société scientifique de Bruxelles,1927,47: 49-5.

［2］ Wright E. Was the Big Bang Hot?［C］. Symposium-International Astronomical Union，1983：113-118.

［3］ Hawking S，Redmayne E，Thorne K S，et al. Brief answers to the big questions［M］. London：John Murray，2020.

［4］ Slipher V M. Spectrographic observations of nebulae［J］. Popular Astronomy，1915，23：21-24.

CHAPTER 3

物理学中的智能

这个由太阳、行星和彗星组成的最美丽的系统,只能由一个智慧而强大的存在所指引和支配。

——艾萨克·牛顿(Isaac Newton)

大自然的想象力远远超过我们自己。

——理查德·费曼(Richard P. Feynman)

在宇宙中形成后,出现了一门自然科学——物理学。它研究物质及其运动和行为,以及能量和力的相关实体。物理学已经成为其他各自然科学学科的研究基础。作为自然科学的基础学科,物理学研究大至宇宙,小至基本粒子等一切物质最基本的运动形式和规律。物理学注重于研究物质、能量、空间、时间,尤其是它们各自的性质与彼此之间的相互关系。

本章我们介绍物理学中的智能现象,介绍一些在物理学层面上使宇宙更加稳定的奇妙现象。我们可以看到,在物理学层面上推动宇宙趋向稳定的过程中,智能应运而生。

3.1 美丽的物理世界

宇宙远不止美丽和令人叹为观止。它是完美的——出奇的、不可思议的完美。各种物理常数,如光速、电子电荷、四种基本力(重力、电磁力、弱力和强力)的比例似乎都经过了微调,可以创造和运行宇宙。

在第 1 章曾经提到,智能的一般形式的本质可以被称为一个个体实现目标的能力。从这个意义上来说,物理宇宙确实有它的智慧。

中子比质子重 1.001 378 418 70 倍,质子是一个裸氢核。这允许中子衰变成质子、电子和中微子,这一过程决定了大爆炸后氢和氦的相对丰度,并为我们提供了一个以氢为主的宇宙。如果中子与质子的质量比稍有不同,我们将生活在一个非常不同的宇宙中。例如,过多的氦星会过快燃烧从而生命无法进化,或者质子衰变成中子,从而使宇宙没有原子。所以,事实上,我们根本不会住在这里,因为我们不会存在。

当然,可能还有其他形式的智慧生命,它们不需要像太阳这样的恒星发出的光,也不需要恒星中产生并被抛回太空的较重化学元素当星星爆炸。尽管如此,很明显,允许任何形式智能生命发展的宇宙参数范围相对较小。

3.2 重力智能

宇宙中的基本力之一是引力,所有具有质量或能量的物体,包括恒星、行星、星系、岩石,甚至光,都通过引力相互靠近。引力是宇宙中许多结构的原因。宇宙早期由引力引起的原始气态物质的吸引力使其开始聚结,形成恒星,组合成星系。在我们的日常生活中,重力给物体带来重量,并导致岩石从山上掉下来。引力将太阳系凝聚在一起,使一切事物(从最大的行星到最小的碎片颗粒)都保持在其轨道上。重力引起的联系和相互作用驱动季节、洋流、天气、气候、辐射带和极光。

为什么会有重力?每个人都经历过,但是很难确定为什么会有重力。尽管牛顿和爱因斯坦设计的定律成功地描述了引力,但我们仍然不知道宇宙的基本属性是如何结合起来产生这种现象的。牛顿在 1687 年指出，"万有引力一定是由一个（智能的）神根据某些规律不断地行动引起的[1]。"在牛顿之前，没有人听说过万有引力，更不用说普遍规律的概念了。

这个智能神到底是谁？牛顿曾说过，"无论这个神是物质的还是非物质的，我都留给我的读者来考虑"。

200 多年来，没有人真正挑战过重力智能可能是什么。或许，任何可能的挑战者都被牛顿的天才吓倒了。

爱因斯坦并没有被吓倒。1915 年，在没有实验前兆的情况下，爱因斯坦梦想出一种能产生引力的智能体。根据他著名的相对论，引力是质量对空间和时间影响的自然结果[2]。牛顿和爱因斯坦都同意空间和时间有维度（如空间有宽度、长度和高度，时间有长度）。但牛顿并不认为空间和时间会受到其中物体的影响。爱因斯坦做到了，他的理论是重力只是质量在空间和时间中存在的自然结果。对于空间，重力可以扭曲、弯曲、推动或拉动它。随着时间的推移，重力也可以通过加速或减速来扭曲它。图 3.1 表明重力不是力，而是时空的曲率。

借助蹦床游戏，可以想象爱因斯坦的空间重力扭曲。我们的质量导致蹦床空间的弹性结构出现凹陷。将球滚过脚下的经线，它会朝着你的质量弯曲，你越重，你弯曲的空间就越多。

图 3.1　由质量对空间和时间的影响而产生的引力（由 NASA 提供）

人们普遍认为相对论是一种抽象且高度神秘的数学理论，对日常生活没有影响。这实际上与事实相去甚远。该理论对于用于导航的全球定位系统（Global Positioning System，GPS）和北斗系统至关重要。以 GPS 为例，GPS 由 20 多颗环绕地球高轨道卫星组成的网络组成[3]。GPS 接收器通过比较它从当前可见的 GPS 卫星（通常为 6～12 个）接收的时间信号并在每个卫星的已知位置上进行三边测量来确定其当前位置。所达到的精度是非凡的，即使是一个简单的手持式 GPS 接收器，也可以在几秒钟内确定在地球表面上的绝对位置，精确到 5～10 米。更复杂的技术，如实时运动学

(Real-Time Kinematic,RTK），只需几分钟的测量即可提供厘米级位置,可用于高精度测量、自动驾驶和其他应用。为了达到这种精度水平,来自GPS卫星的时钟滴答的准确度需要为20～30纳米。如果没有正确考虑这种影响,基于GPS的导航定位将在仅2分钟后出错,并且全球位置的错误将以每天约10千米的速度继续累积！在很短的时间内,整个系统对于导航将毫无价值。

3.3　重力和暗能量

引力本身就可以使宇宙不稳定。如果将一些物质完美地均匀分布在吞吐量空间,这个系统是不稳定的,就像一块岩石在尖顶上保持平衡。只要条件保持完美,物质就会保持均匀,岩石也会保持平衡。然而,轻轻地推那块石头,它就会离开平衡。对于只有引力的宇宙也是如此,因为最微小的扰动将导致局部空间体积失控的引力增长,从而实现更大的密度。这种增长一旦开始,就永远不会停止。这个最初过密的区域将增长到更大的密度,并更有效地吸引物质。事实上可以证明,静止物质的任何初始静态分布都会在其自身引力下坍塌,不可避免地导致黑洞。

　　爱因斯坦最初的解决方案是添加其他东西——宇宙常数。在他的方程中,一个由宇宙常数主导的宇宙会看到任何两点之间的距离随着时间的推移而增加。换句话说,万有引力的作用是将质量相互吸引,但宇宙常数的作用是将任何两点分开。

　　这不是一个令人满意的解决方案。如果让一个物体离另一个物体太近,引力会克服宇宙常数,导致失控的引力增长;如果把一个物体移得太远,宇宙常数会克服引力,无休止地加速这个物体。

　　1922 年,亚历山大·弗里德曼(Alexander Friedmann)推导出了控制宇宙如何均匀填充的方程。在世界其他地方,乔治·勒梅特(Georges Lemaître)、霍华德·罗伯森(Howard Robertson)和阿特·瓦克(Art Walker)也得出了同样的解决方案。该解决方案最疯狂的是,它明确表明宇宙的时空结构不能保持静止,相反,它必须扩展或收缩以使其稳定。

　　科学界的共识是我们不需要宇宙常数。我们将其视为另一种具有自身特性的广义能量形式——暗能量。爱因斯坦错过了它,因为他坚持宇宙是静态的,并发明了宇宙常数来实现这个目标。

　　最近的研究表明,引力可能是一种涌现(emergent)现象,而不是一种基本力[4]。具体来说,重力遵循热力学第二定律,在该定律下,系统的熵会随着时间的推移而增加。科学家们使用统计数据来考虑所有可能的质量运动和所涉及的能量变化,发现彼此之间的运动比其他运动更可能在热力学上发生。此外,暗能量导致热体积定律对熵的贡献。换句话说,引力和暗能量是为了让宇宙更加稳定。

3.4　最小作用量原则

1744 年,皮埃尔-路易斯·莫罗·德·莫佩尔图伊(Pierre-Louis Moreau de Maupertuis)发现了最小作用原则(Least action principle)[5]。通过对牛顿力学定律进行奇特的数学和神学改造,他预料到会受到好评。然而,他的论点一开始就遭到全欧洲知识分子的嘲笑。事实证明,这一原理是物理学中最有影响力的思想之一。到 19 世纪末,整个力学科学都建立在这个原理上。最小作用量原则有时被认为是物理科学领域中最伟大的概括,这并不奇怪。该原理仍然是现代物理学和数学的核心,被应用于热力学[6]、流体力学[7]、相对论、量子力学[8]、粒子物理学和弦理论,并且是莫尔斯理论现代数学研究的重点。

上帝作为一个有智慧的存在,总是会以最经济的方式行动,因此宇宙中任何运动的"作用"都应该是最小的。最小作用量原则只是说,在任何运动中消耗的作用(用质量、速度和距离的乘积来衡量)将是最小的。由于上帝的完美,大自然的所有行为都是"节俭"的。

在最小作用量原则被提出之前,有很多类似的方法出现在测量学和光学。古埃及的拉绳测量者(rope stretcher)在测量两点之间的距离时,会将固定于这两点的绳索拉紧,这样可以使间隔距离减少至最低值。托勒密在他的著作《地理学指南》(*Geographia*)第一册第二章里强调,测量者必须对直线路线的误差做出适当的修正。古希腊数学家欧几里得在《反射光学》(*Catoptrica*)里表明,将光线照射于镜子,则光线的反射路径的入射角等于反射角。随后,亚历山大的希罗证明这路径的长度是最短的[9]。

理解这个原则的一个简单方法是,在日常生活中,我们总是尽可能努力地节省时间和精力。为了实现这一目标,我们设计了工具,包括计算机和人工智能。我们相信人类是地球上最聪明的物种,因为我们可以设计工具来节省时间和精力。

莫佩尔发现,在物理世界中,在宇宙中发生的所有变化中,每个物体的速度与其移动距离的乘积之和是最小的。如图 3.2 所示,如果你扔一块石头,它会找到最"经济"的返回地球的路径,可以应用最小作用量原则来计算它的路径。莫佩尔从不怀疑他正在做大事。他在论文中提到："运动和静止的定律是从上帝的属性中推导出来的。"然后，在对这个概念的一个奇怪的反转中，他声称已经构建了一个证明上帝存在的证据。

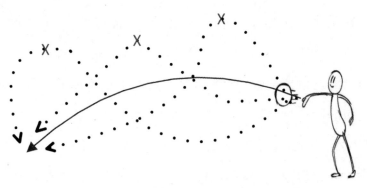

图 3.2　石头被扔出后的轨迹遵循最小作用量原则

从名字上就能直观地体会最小作用量原则的意思。所谓作用量，是指一种衡量不同运动选择的代价量（Cost）。在经典力学里面，作用量指从第一点到达另外一点花费的代价量。自然界总是选择使这个代价量最小的那条路径。在其他领域中，这个作用量的具体形式需要经验去探求。在不同的领域中，这个作用量的形式是不同的。

光在均匀的介质中走的是直线，而不是弯曲的轨迹，这是因为直线的距离是最短的。但是，光在非均匀介质中会发生折射，这是因为这样能保证光行走的路程最短，从而用最少的时间到达。也就是说，光的折射方式是使得光在行走光程所需要的最短时间的那个路线。这个光程就是光传播过程中的作用量,定义为路线长度和折射率的乘积。这就是费马原理。

另外一个例子是一条细长的链条,其两端被悬挂在同样的水平高度。这条链条的形状是怎样的?智能的大自然会让这个系统的作用量——重力势能趋向最小。根据变分原理,可以求出这个链条的形状,即所谓的"悬挂线"。

考虑一个简单的例子来解释这个原理。假设一块石头被放置在山顶上,如图 3.3 所示,它将滚下山坡的一侧。在这种简单的自然现象中,一种解释是重力与空气和表面提供的阻力之间的平衡。这就是经典的牛顿物理学。另一种排除力概念的解释依赖于这样一个事实,即当石头位于山坡的高点时,系统是不稳定的,在稳定状态下,它们整个系统(石头和地球)的势能最小。

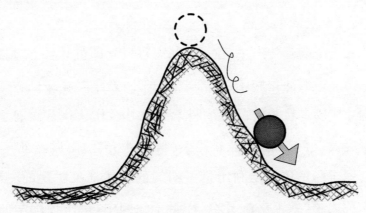

图 3.3   石头滚下山坡的过程

换句话说,石头滚动是一种稳定系统的自然现象。通过采取行动最少的路径,系统以比采取另一条路径时更有效的速度稳定下来。在这个稳定的过程中,智能自然而然地出现。

3.5　量子隐形传态

"Beam me up"是影视剧《星际迷航》中最著名的台词之一。这是角色希望从远程位置传送回"企业号"宇宙飞船时发出的命令。

人类传送目前仅出现在科幻小说中。在量子力学的亚原子世界中,隐形传态现在是可能的,尽管它不像电影中通常描述的那样。具体来说,量子世界中的隐形传态涉及信息的传输,而不是物质的传输。

在量子隐形传态中,粒子的状态可以立即将其状态"传送"到两个遥远的纠缠粒子。2020年12月,美国能源部科学办公室国家实验室费米实验室的科学家及其合作伙伴首次展示了保真度大于90％的持续、长距离(44千米光纤)隐形传态[10]。

量子隐形传态是利用量子纠缠的自然现象实现的,爱因斯坦称之为"远距离幽灵"。在量子纠缠中,量子物理学的基本概念之一是,一个粒子的性质会影响另一个粒子的性质,甚至当粒子相距很远时这种影响也存在。例如,如果电子 A 和电子 B 纠缠在一起,通过改变其中一个粒子中的某些东西,它会立即影响另一个粒子——实际上,甚至比光速更快,而不管两个粒子之间的距离如何。电子 A 可以在地球上,电子 B 可以在木星上。

量子粒子可以纠缠的事实使量子计算机比经典计算机更强大。通过叠加存储的信息,可以以指数方式更快地解决某些问题。加深对纠缠的理解有助于解决实际问题和基本问题。纠缠可能是解决物理学中一些最基本问题的关键。

纠缠的原因是什么?目前还没有确切的答案。一些研究人员试图从所涉及粒子的波函数角度来解释它。一些研究人员用"信息守恒定律"来解释量子纠缠。在这方面的研究中,通常认为两个粒子因为受某种关系/信息的束缚而纠缠在一起,信息不能被破坏,如果其中一个纠缠粒子发生了变化,系统就不稳定,而另一个粒子需要发生变化才能使系统稳定。

参考文献

[1]　Chandrasekhar S. Newton's principia for the common reader[J]. Oxford: Oxford University Press,2003,1-2.

［2］　Einstein A. Die feldgleichungen der gravitation［M］. German：Sitzung der physikalische-mathematischen Klasse,1915.

［3］　Department O. Global positioning system standard positioning service performance standard［J］. Gps & Its Augmentation Systems,2008,35(2)：197-216.

［4］　Verlinde E,Verlinde E. On the origin of gravity and the laws of Newton［J］. Journal of High Energy Physics,2011(4)：1-27.

［5］　de Maupertuis PLM. Accord de différentes lois de la nature qui avaient jusqu'ici paru incompatibles［J］. Des Sciences，1911，417-426.

［6］　Vladimir G-M，et al. Thermodynamics based on the principle of least abbreviated action：Entropy production in a network of coupled oscillators［J］. Annals of Physics，2008，323(8)：1844-1858.

［7］　Gray C. Principle of least action［J］. Scholarpedia，2009，4(12)：8291.

［8］　Feynman R P. The principle of least action in quantum mechanics［D］. Harvard University,1942.

［9］　Kline M. Mathematical thought from ancient to modern times［J］. New York：Oxford University Press,1972,167-68.

［10］　Hesla L. Fermilab and partners achieve sustained,high-fidelity quantum teleportation［J/OL］. Fermilab,2020. https://news.fnal.gov/2020/12/fermilab-and-partners-achieve-sustained-high-fidelity-quantum-teleportation/.

第4章

化学中的智能

化学是科学的枢纽。一方面,它涉及生物学并为生命过程提供解释;另一方面,它与物理学相结合,并为宇宙基本过程和粒子中的化学现象找到了解释。

——彼得·阿特金斯(Peter Atkins)

秩序源于混乱。

——伊利亚·普里高津(Ilya Prigogine)

随着抽象水平的进一步提高,智能的故事还在继续。随着碳原子等原子中丰富信息结构的出现,越来越复杂的分子开始形成。结果,物理学催生了化学,稳定宇宙的过程达到了一个新的水平。

在其学科范围内,化学处于物理学和生物学的中间位置。化学涉及诸如原子和分子如何通过化学键相互作用以形成新化合物等主题,包括它们的组成、结构、性质、行为,以及它们在与其他物质反应过程中所经历的变化。

世界由物质组成,主要存在着化学变化和物理变化两种变化形式(还有核反应)。

不同于研究尺度更小的粒子物理学与核物理学,化学研究原子、分子、离子(团)的物质结构和化学键、分子间作用力等相互作用。化学所在的尺度是微观世界中最接近宏观的,因而它们的自然规律也与宏观世界中物质和材料的性质息息相关。化学作为沟通微观与宏观物质世界的重要桥梁,是人类认识和改造物质世界的主要方法和手段之一。人类的生活能够不断地改善和提高,化学在其中起到了重要的作用。我们依靠化学来烘焙面包、种植蔬菜和生产日常生活材料。化学是雪花形成、香槟科学、花朵颜色及其他自然和技术奇迹的基础。

本章简要回顾化学的发展过程,然后介绍一些在化学层面上使宇宙更加稳定的奇妙现象。可以看到,在化学层面上推动宇宙趋向稳定的过程中,智能应运而生。

4.1　化学发展的简要历程

从开始使用火的原始社会,到使用各种人造物质的现代社会,我们都在享用化学成果。我们的祖先钻木取火,利用火烘烤食物、驱赶猛兽、寒夜取暖,充分利用燃烧时的发光发热现象,可以说是最早的化学实践活动之一。燃烧就是一种化学现象。掌握了火以后,人类又陆续发现了一些物质的变化,比如在翠绿色的孔雀石等铜矿石上面燃烧火,会生成红色的铜。这些经验的积累和化学知识的形成引发了社会变革,促进了生产力的发展,推动了历史的前进,同时也推动了化学的发展。

人类在逐步了解和利用这些物质的变化过程中,制造了对人类具有极大使用价值的产品。人类逐步学会了冶炼、制陶,又懂得了染色、酿造等。这些由天然物质加工改造而成的制品,成为古代文明的标志。在这些生产实践的基础上,人类逐步掌握了一些化学知识。

从公元前 1500 年到公元 1650 年,化学伴随着炼金术、炼丹术发展[1]。为求得象征富贵的黄金或者长生不老的仙丹,炼金术士和炼丹家们做了大量的化学实验,而后记载、总结炼金术和炼丹术的书籍也相继出现。虽然炼金术士和炼丹家们都以失败而告终，但他们在"点石成金"和炼制长生不老药的过程中，探索了大量物质间用人工方法进行的相互转变，积累了许多物质发生化学变化的现象和条件，为化学的发展积累了丰富的实践经验。当时出现的"化学"一词，其含义便是"炼金术"。

大约从 16 世纪开始，欧洲工业生产蓬勃兴起，推动了冶金化学和医药化学的创立与发展，炼金术和炼丹术转向生活和实际应用。人们开始更加注意物质化学变化本身的研究。在元素的科学概念建立后，通过对燃烧现象的精密实验研究，人们建立了科学的氧化理论和质量守恒定律，随后又建立了定比定律、倍比定律和化合量定律，为化学进一步科学的发展奠定了基础。

1869 年，俄国科学家德米特里·伊万诺维奇·门捷列夫（Dmitri Ivanovich Mendeleev）提出的化学元素周期表大大促进了化学的发展[2]。门捷列夫将当时已知的 63 种元素依原子量大小并以表的形式排列，把有相似化学性质的元素放在同一行，就是元素周期表的雏形。利用周期表，门捷列夫成功地预测了当时尚未发现的元素的特性（镓、钪、锗）。1913 年，英国科学家莫色勒（Moseler）利用阴极射线撞击金属产生 X 射线，发现原子序数越大，X 射线的频率就越高，因此莫色勒认为核的正电荷决定了元素的化学性质。他把元素依照核内正电荷(即质子数或原子序数)排列,经过多年修订后才成为当代的元素周期表。

20世纪以来,化学由定性向定量、宏观向微观、稳定态向亚稳定态发展,由经验逐渐上升到理论,再用于指导设计和开拓创新的研究。一方面,为生产和技术部门提供尽可能多的新材料、新物质;另一方面,在与其他自然科学相互渗透的进程中不断产生新学科,并向探索宇宙起源和生命科学的方向发展。

4.2　耗散结构:秩序源于混沌

看看图4.1和图4.2中显示的美丽图案。这些漂亮的图案不是艺术家设计的,它们来自一些非生命物质的化学相互作用。所以,在设计图案方面,非生命的化学物质可以比人类更智能!

1952年,英国数学家和计算先驱阿兰·图灵(Alan Turing)意识到,如果混合一些化学反应物种,当某些参数超过阈值(例如某些化学物种的浓度)时,它会导致静止的、空间周期性的模式反应物的浓度,如图4.1所示。

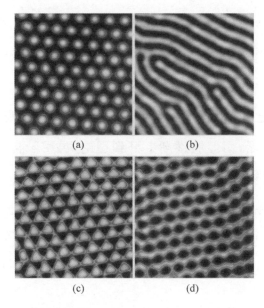

(a)　　　　　　　　(b)

(c)　　　　　　　　(d)

图 4.1　通过亚氯酸盐-碘化物-丙二酸反应获得的不同
　　　　对称性的图灵结构

注：暗区和亮区分别对应高碘和低碘浓度。波长是动力学参数和扩散系数的函数，约
为 0.2mm。所有图案的比例相同，视图尺寸 1.7mm×1.7mm(P. De Kepper 提供)。

图 4.2　Belousov-Zhabotinsky(BZ)反应导致的复杂时间和
　　　　空间模式(P. De Kepper 提供)

　　20 世纪五六十年代,两位俄罗斯科学家保瑞斯·贝洛索夫
(Boris Belousov)和阿那托·扎鲍廷斯基(Anatol Zhabotinsky)
发现了著名的振荡化学反应(现在称为 Belousov-Zhabotinsky
反应或简称 BZ 反应)。他们发现,溴酸钾、硫酸铈(Ⅳ)、丙二
酸和柠檬酸在稀硫酸中混合,铈(Ⅳ)和铈(Ⅲ)离子的浓度比
发生振荡,导致颜色发生变化,溶液在黄色和无色之间振荡。
特别地,反应中间体和催化剂浓度的周期性变化对应于它们
的几何形状、形式和颜色的逐渐变化[3,4]。图 4.2 只是展示
了这个动态过程的单次图片。有兴趣的读者可以在网上搜索
"Belousov-Zhabotinsky 反应",观察这个美丽现象的视频。这
一发现在应用物理化学领域引发了激烈的争论。

　　时空结构的创造非常有趣,因为自组织秩序是从统一和
混乱的初始状态产生的,而自组织与智能直接相关。

　　自组织发生在许多物理、化学、生物、机器人和认知系统
中,特别是有趣的系统。生命、思想、燃烧、生态、交通、流行
病、股票市场、行星环境、天气、城市也具有这些特征,这些特
征在物质、能量和信息流动的情况下自发地出现[5,6]。

　　伊利亚·普里高津于 1969 年在国际"理论物理与生物学
会议"上发表研究报告《结构、耗散和生命》,正式提出了耗散
结构理论[7]。普里高津是比利时物理化学家和理论物理学
家。普里高津于 1917 年 1 月 25 日生于莫斯科,1921 年随家

旅居德国,1929 年定居比利时,1949 年加入比利时国籍。耗散结构理论是布鲁塞尔学派 20 多年从事非平衡热力学和非平衡统计物理学研究的重大成果。普里高津和他的同事在建立耗散结构理论时深入研究了 B-Z 化学波、贝纳对流、化学振荡反应及其他生物学演化周期等自发出现有序结构的本质。他们使用"自组织"的概念描述了那些形成有序结构的过程,从而在"存在"和"演化"之间构架了一座科学的桥梁。普里高津由于这一重大贡献,荣获 1977 年的诺贝尔化学奖。

普里高津认为,在没有秩序的非平衡状态下,能量和物质的波动可以从混沌中产生秩序[8]。耗散结构中空间构型和时间节律的产生是一种称为"涨落有序"的现象。他认为以牛顿的经典物理学为代表的近代科学,描述的是一个像钟表一样的自然界,一个永无发展的静态世界,一个存在绝对化和相对静止的世界。在牛顿经典物理学中,把时间参数 t 换为 $-t$ 有相同的结果,时间可逆,过去和未来看来没有实质性的区别。然而,近代的热力学成果正如热力学第二定律指出的,一个封闭系统只会自发地熵增,走向无规无序[9](在下面会有介绍)。这揭示的是一个时间有方向、不断演化的世界。比如,生物进化论也告诉我们,世界处于不断的发展之中,时间之箭不可逆地指向未来。

耗散结构理论的物理内涵可以理解为：一个远离平衡态的非线性的开放系统（如物理的、化学的、生物的，乃至社会或经济的系统）不断地与外界交换物质和能量，在系统内部某个参量的变化达到一定的阈值时，通过涨落，系统可能发生突变，即产生非平衡相变，由原来的混沌无序状态转变为一种在时间上、空间上或功能上的有序状态。这种在远离平衡的非线性区形成的新的稳定的宏观有序结构，需要不断与外界交换物质或能量才能维持，因此称之为"耗散结构"。

发生耗散结构的根本原因是什么？一个可能的原因是，类似于第 3 章中讨论的最少作用量路径，耗散结构使系统能够以比采用另一种结构（或没有结构，即混沌）时更有效的速率稳定。这再次表明，智能在这个稳定过程中自然出现。

事实上，它表明系统的熵以比耗散结构不存在时更快的速度增加[10]。一般来说，如果忽略细节，可以简单理解为，系统中的熵增加意味着系统正在从不稳定状态转变为更稳定的状态。从这个意义上说，"耗散结构"应称为"促进稳定的结构"。

4.3　熵增：时间之箭

由于智能显然与"秩序"有关，如上面的讨论所示，在系统中测量（即量化）"秩序"或"无序"是很有必要的。熵是一个抽象的概念，用来描述"秩序"的程度。熵越大，"秩序"越小。熵其实并不神秘，和长度、重量一样，是用来量东西的。熵用来衡量无序，就是一个东西有多乱。

熵的概念是由德国物理学家鲁道夫·克劳修斯（Rudolph Clausius）于1865年引入的[11]，他是热力学领域的主要创始人之一。热力学的最初范围是机械热机，那时熵仅仅是一个可以通过热量改变来测定的物理量，其本质仍没有很好的解释，直到统计物理、信息论等一系列科学理论发展，熵的本质才逐渐被解释清楚，即熵是一个系统"内在的混乱程度"。熵后来扩展到化合物和化学反应的研究。熵被用于各种领域，从最初被认可的经典热力学，到化学和物理学、生物系统及其与生命的关系、宇宙学、经济学、社会学、天气科学、气候变化，以及信息系统，包括在手机和互联网中传输信息[12]。

理解熵概念的一种简单方法是厨房的例子。假设厨房已经被打扫干净，所有东西都整理好，几天后，如果不清理它，因为随手乱扔东西,厨房就会变得一团糟,如图 4.3 所示。熵用于衡量"秩序",图 4.3(b)的熵比图 4.3(a)的熵大。

(a) 一个干净的厨房　　　　　(b) 几天后凌乱的厨房

图 4.3　厨房的例子

热力学第二定律说,任何孤立系统的熵总是增加的。孤立的系统自发地向平衡——系统的最大熵状态演化。更简单地说,宇宙(最终孤立系统)的熵只会增加(或至少保持不变)而不会减少。史蒂芬·霍金(Stephen Hawking)说过,"无序或熵的增加是区分过去和未来的东西,给时间指明方向。"[13]

当您阅读本书时,熵就在您身边。热茶中的热量正在扩散,体内的细胞正在死亡和退化,地板变得越来越脏,犯罪正在发生,不同来源的消息正在使消息爆炸,等等。

熵基本上是一个概率概念。因为一个系统通常由许多组件组成(如体内的细胞、房间中的物品和咖啡中的分子)。对于系统的每一种可能的"有用有序"状态,都有许多更多可能的"无序"状态。我们可以用一个简单的数学计算来描述。假设图 4.3 中的厨房中有 20 件物品，有 50 个可以放置物品的位置，通过排列组合的数学知识，可以计算出总的放置可能性为

$$C_{50}^{20} = \frac{50!}{20!30!} \approx 4.71 \times 10^{13}$$

如果"有序"被定义为图 4.3 中每件物品对应于唯一的放置位置，其余都统称为"无序"。那么"有序"在所有放置可能性中的占比，即"有序"出现的概率是非常小的，几乎为不可能事件；相比之下，"无序"几乎为必然事件，所以"有序"很容易变为"无序"，即

$$\text{"有序"的概率} = \frac{1}{4.71 \times 10^{13}} \approx 0$$

熵越大，意味着发生的可能性越大。而整个宇宙，自发地朝着可能性更大的方向，也就是熵更大的方向在发展。因此，熵增定律可以用以下方式重新表述：一个状态有可能演变成一个更有可能的状态，也就是更稳定的状态。

以这种方式表述，热力学第二定律几乎变成了一个微不足道的陈述。在这里，假设状态的相对概率取决于可以从其基本组件构造它的方法的数量。比如把一种气体的分子放到房间角落的一个位置只有一种方法，但是有很多方法可以使它们均匀分布，所以它们都是分散的。这意味着随着时间的

推移,聚集的分子可能会演变成均匀分布的分子,因此熵增加。

近年来,为了使化学和物理中的熵概念易于理解,人们从"有序"和"无序"这两个词转向了"传播"和"散布"等词。在这些系统中,熵衡量的是在一个过程中分散了多少能量或它变得多么广泛。从概率的角度来看,能量分散的方式比集中的方式更多。因此,能量被分散。最终,系统达到熵最大的称为"热力学平衡"的状态,其中能量均匀分布,系统稳定。

从"梯度"的角度来看,非平衡系统在一定距离上(如能量、温度、质量、信息等方面)存在差异。由于梯度,系统是不稳定的。例如,一杯热咖啡和周围环境是有温差的,这杯热咖啡最终会和它所在的房间温度相同。另外,只要不理会系统,这个过程是不可逆的。变凉的咖啡不会自动变热。

4.4 最大熵产生

自 19 世纪中叶以来,孤立系统的熵趋于最大值的趋势(热力学第二定律)就已为人所知。就熵产生而言,这意味着熵产生大于或等于 0。

最近,大量的理论和应用研究表明,熵产生的过程应该是最大化的[14]。这个原理被称为最大熵产生原理(Maximum Entropy Production Principle,MEPP)。MEPP显然代表了新的发现,这意味着熵产生不仅是正的,而且趋于最大值。因此,除遵循热力学第二定律的演化方向外,还有关于系统运动速率的信息。

与第3章中描述的最少作用量原则类似,MEPP展示了另一个大自然采用最简单和最容易的路径的例子,因此,过程在最短的时间内完成得非常快。宇宙的发展是为了尽快达到最终状态,而有序系统的出现则更有效率地实现了这一过程。同样,智能在这个过程中自然出现。

MEPP在不同观测尺度(微观和宏观)的物理、化学或生物起源的各种系统的研究中得到证实,包括大气、海洋、晶体生长、电荷转移、辐射、生物进化。例如,类似于MEPP的原理在很久以前也出现在理论生物学中。1922年,阿尔弗雷德·洛特卡(Alfred J. Lotka)提出,进化的方向是使通过系统的总能量通量达到最大值与约束兼容[15]。换句话说,最有效地利用部分可用能量流(在所有其他条件相同的情况下)进行生长和生存的物种将增加其种群数量,因此通过系统的能量流将增加。

参考文献

［1］ Alchemy Lab. History of alchemy[J]. Nature,1937,140(3535)：188-189.

［2］ Scerri E. The periodic table：its story and its significance[M]. Oxford University Press,2019.

［3］ Belousov В Р. Периодически действующая реакция и ее механизм[J]. Сборник рефератов по радиационной медицине, 1959,147：145.

［4］ Winfree A T. The prehistory of the belousov-zhabotinsky Oscillator[J]. Journal of Chemical Education, 1984, 61(8)：661-663.

［5］ Camazine S. Self-organization in biological systems[M]. Princeton：Princeton University Press,2003.

［6］ Crommelink M，Feltz B，Goujon P. Self-organization and emergence in life sciences[M]. Heidelberg：Springer,2006.

［7］ Prigogine I. Structure,dissipation and life. Theoretical Physics and Biology[M]. Amsterdam：North-Holland Publ. Company, 1967.

［8］ Prigogine I. Time,structure and fluctuations[J]. Science,1978, 201(4358)：777-785.

［9］ 王竹溪.热力学[M].北京：北京大学出版社,2005.

［10］ Demirel Y,Gerbaud V. Nonequilibrium thermodynamics[M]. 4th ed. Amsterdam：Elsevier,2019.

［11］ Brush S G. The kind of motion we call heat：a history of the kinetic theory of gases in the 19th century[M]. Amsterdam：Elsevier,1976：576-577.

[12] Wehrl A. General properties of entropy[J]. Reviews of Modern Physics,1978,50(2): 221-260.

[13] Hawking S W. A brief history of time[M]. USA: Bantam Dell Publishing Group,1988.

[14] Martyushev L M,Seleznev V D. Maximum entropy production principle in physics,chemistry and biology[J]. Physics Reports, 2006,426(1): 1-45.

[15] Lotka A J. Contribution to the energetics of evolution[J]. Proceedings of the National Academy of Sciences of the United States of America,1922,8(6): 147-151.

第5章

生物学中的智能

生物学是对复杂事物的研究,这些事物看起来像是为某种目的而设计的。

——理查德·道金斯(Richard Dawkins)

智能取决于一个物种在做它们生存所需的事情方面的效率。

——查尔斯·达尔文(Charles Darwin)

地球仍然是宇宙中唯一已知孕育生命的地方。地球上最早出现生命形式的时间至少是 37.7 亿年前,可能早在 44.1 亿年前——距 45 亿年前海洋形成后不久,以及 45.4 亿年前地球形成后不久。结果,化学催生了生物学。

生物学是研究生物(包括微生物、植物和动物)的结构、功能、发生和发展规律的科学。地球上现存的生物有 200 万～450 万种。已经灭绝的生物种类更多,估计至少有 1500 万种。从深海到高山,从北极到南极,从高温的热带到寒冷的冻原,都有生物存在。它们生活方式变化多端,具有多种多样的形态结构。

本章首先简要介绍对于"生命是什么"这个基本问题的探索过程,然后介绍一些对于"生命为什么会存在"这个问题的研究,最后介绍微生物中的智能、植物中的智能和动物中的智能现象。我们可以看到,在生物层面上推动宇宙趋向稳定的过程中,生物的智能应运而生。

5.1 生命是什么

如第 4 章所述,在一个受热力学第二定律支配的物理和化学的世界中,所有孤立的系统都有望接近最大无序状态。

地球上的生命保持高度有序的状态,从最原始的无细胞结构状态进化为有细胞结构的原核生物,从原核生物进化为真核单细胞生物,然后按照不同方向发展,出现了真菌界、植物界和动物界。植物界从藻类到裸蕨植物再到蕨类植物、裸子植物,最后出现了被子植物。动物界从原始鞭毛虫到多细胞动物,从多细胞动物到脊索动物,进而演化出高等脊索动物——脊椎动物。脊椎动物中的鱼类又演化到两栖类再到爬行类,从中分化出哺乳类和鸟类,哺乳类中的一支进一步发展为高等智慧生物,这就是人。

可以看到,生物从单细胞到多细胞、从低等到高等、从简单到复杂、从水生到陆生,不断发展进化。有人认为这似乎违反了热力学第二定律,暗示存在悖论。

其实这不是悖论。尽管在封闭系统中熵必须随时间增加,但开放系统可以通过增加周围环境的熵来保持其低熵。生物圈是一个开放的系统。1944 年,物理学家埃尔温·薛定谔(Erwin Schrödinger)在其专著《生命是什么?》中指出,这是一个生物,从病毒到人类,必须做的事情。

这本书主要从下面三方面来论述:一是从信息学的角度提出遗传密码的概念,提出大分子——非周期性晶体作为遗传物质(基因)模型;二是从量子力学的角度论证基因的持久性和遗传模式的长期稳定性的可能性;三是提出生命"以负熵为生",从环境中抽取"序"来维持系统的组织的概念,这是生命的热力学基础[1]。

有机体内部秩序的增加远远超过由于热量散失到环境中而导致生物体外部的紊乱。通过这种机制,遵循热力学第二定律,生命保持高度有序的状态。例如,植物吸收阳光,用它来制造糖分,并射出红外光,这是一种不那么集中的能量形式。在这个过程中,宇宙的整体熵增加。高度有序的结构植物不会腐烂,植物的智慧在这个稳定过程中自然显现。

5.2　生命为什么存在

　　一个深刻而古老的问题是"宇宙中生命的出现是不可能发生的事件,还是不可避免的事件?"换句话说,生命是由上帝或神创造的,是偶然发生的,还是自然现象的可预测和不可避免的结果? 关于这个问题,已经争论了很长时间,至今没有定论。但人们至少有一个确认的事实,就是组成生命的化学物质中,没有特殊的元素。无论是鲜花还是人参,蚂蚁还是大象,抑或是普通人或爱因斯坦,构成生命的基本化学元素都是碳、氢、氧、氮这四种,还需要一点点其他元素,主要是磷、硫、钙和铁。

　　有些科学家认为,如果地球回到最初的原点,重新演化地球生命的历史,将会产生截然不同的新物种;然而反对者认为,生命的演化在很大程度上是地球条件发展到一定阶段的产物,虽然有所差异,但是相差不会太大。

5.2.1　化学进化学说

有些人认为地球上的生命是一个偶然发生的事件，它是由一束闪电在原始混沌汤中发生分子碰撞而产生的。生命起源于原始地球条件下从无机到有机、从简单到复杂的一系列化学进化过程。

该假设基于达尔文进化论是自然界中唯一的适应方式，其复杂性和多样性可以通过随机基因突变和自然选择来解释。由于适应性变化需要基因，生命的出现一定是偶然的结果，而不是进化过程。

蛋白质和核酸等生物分子是生命的物质基础。这些生命物质的起源对于生命的起源至关重要。该假设认为在没有生命的原始地球上，由于自然的原因，非生命物质由于化学作用，产生出有机物和生物分子。因此，生命起源问题首先是原始有机物的起源问题和这些有机物的早期演化。在化学进化的过程中，先造就一类化学材料，然后这些化学材料构成了氨基酸、糖等通用的"结构单元"，蛋白质和核酸等生命物质就来自这些"结构单元"的各种组合。

1922年，生物化学家亚历山大·伊万诺维奇·奥巴林（Alexander Ivanovich Oparin）提出了一种化学进化的假说[2]。他认为原始地球上的某些无机物,在来自太阳辐射、闪电能量的作用下,变成了第一批有机分子。他提出,在原始"营养汤"中,多肽、多核苷酸和蛋白质等大分子会凝聚成团聚体,这些浸在盐类和有机物中的团聚体可以和外界环境不断进行能量和物质的交换,通过"自然选择",新陈代谢的催化设备日臻完善,核苷酸和多肽之间的密码关系逐步确立,最后由量的积累发生质的飞跃,诞生生命。

1953 年,美国学者斯坦利·劳埃德·米勒(Stanley Lloyd Miller)进行了模拟实验,首次用实验验证了奥巴林的这一假说[3]。米勒模拟原始地球上当时的大气成分,用氢、甲烷、氨和水蒸气等,通过火花放电和加热,合成了有机分子氨基酸。继米勒实验之后,许多模拟原始地球大气条件的实验又合成出了其他组成生命体的重要生物分子,如嘌呤、嘧啶、脱氧核糖、核糖、核苷、核苷酸、脂肪酸、叶琳和脂质等。

1965 年和 1981 年,我国在世界上首次人工合成出了胰岛素和酵母丙氨酸转移核糖核酸[4]。蛋白质和核酸的形成是由无生命到有生命的转折点。一般说来,生命的化学进化过程包括四个阶段:从无机小分子生成有机小分子,从有机小分子形成有机大分子,从有机大分子组成能自我维持稳定和发展的多分子体系,从多分子体系演变为原始生命。

化学进化学说不能很好解释的一个难题是:在生命起源

前的原始地球环境里,自然界如何把从生物小分子(氨基酸、核苷酸)变成生物大分子(蛋白质、核酸)？正如《生命起源的奥秘:再评目前各家理论》(*The Mystery of Life's Origin: Reassessing Current Theories*)指出:"我们在合成氨基酸方面的成就有目共睹,但合成蛋白质和 DNA 却始终失败,两者形成了强烈的对照"。科学发展到今天,虽然我们能以极大的效率在实验室利用机器合成出需要的生物大分子,但是在生命起源前环境里的合成实验却很难成功[5]。

5.2.2　生命产生不可避免学说

与化学进化学说相反的观点,称为"生命产生不可避免学说",该学说假设存在一些因素,原子和分子的随机运动受到限制,从而不可避免地保证了在条件允许的情况下生命的出现。生物系统之所以能够出现,是因为它们能够更有效地传播或耗散能量,从而增加宇宙的熵,使宇宙更加稳定。这个过程类似于第 4 章描述的化学中的"秩序从混沌中产生"现象。

1995 年,诺贝尔奖得主生物学家克里斯汀·德·迪夫(Christian René de Duve)在其著作《生命尘埃——地球生命起源和进化》(*Vital Dust — The Origin and Evolution of Life on Earth*)中提出了这一观点。他在大胆的推测中展示了地球上令人敬畏的生命全景,从第一个生物分子到人类思想的出现和物种的未来。他在书中反对生命起源于一系列意外的观点,也没有援引上帝、目标导向的原因或活力论,后者将生物视为由生命精神激发的物质。相反地,在生物化学、古生物学、进化生物学、遗传学和生态学的非凡综合中,他主张一个有意义的宇宙,其中生命和思想因为当时的条件不可避免地和确定性地出现[6]。从一个单细胞生物开始(类似于现代细菌),3.8亿年的时间里,地球上出现了所有形式的生命。他描绘了七个连续的时代,对应于日益复杂的程度。他预测物种可能会进化成一个"人类蜂巢"或行星超有机体,在这个社会中,个人会为了所有人的利益而放弃一些自由;或者,他设想人类会被另一个智能物种取代。这本书出版后,圣达菲研究所和麻省理工学院研究生命起源的科学家们认为,他的立场应该被人接受。

2016年,埃里克·史密斯(Eric Smith)和阿罗德·莫罗维茨(Harold J. Morowitz)在他们的书中提出,地球上的生命最初出现是由于无生命物质受到地球地热活动产生的能量流的驱动,类似于火山和地球内部发生的能量流[7]。生命是自由能积累的必然结果,大概是在海洋中的热液喷口等区域。生命形成了一种渠道,就像水流下山一样自然,通过更有效的消散来缓解能量失衡。就像下山的水在山坡上雕刻的通道随着时间的推移逐渐变深一样，由能量流动雕刻的代谢途径也得到了加强。生物只是大自然更有效的消散能量、缓解能量失衡、增加宇宙熵从而稳定宇宙的方式。

导致生命的自组织过程涉及一系列"相变"，而不是单个步骤。相变是系统结构整体安排的整体变化。我们可以把人类认知革命的出现想象成一个相变，其中智人（人类的祖先）与其他动物区别开来。随着一系列的相变，生物有了更复杂的排列，特别是那些能更好地释放自由能和稳定宇宙的安排。

麻省理工学院的杰里米·英格兰（Jeremy England）教授和他的团队以同样的"不可避免的生命"学派概述了一个基本的进化过程，称为"耗散适应"，其灵感来自普里高津的基础工作。在他们的论文[8,9]中，他们确切地展示了一个简单的无生命分子系统（与生命出现之前存在于地球上的分子系统相似）如何重新组织成一个统一的结构，当无生命分子系统受到撞击时表现得像一个活的有机体。这是因为系统必须耗散所有能量以缓解能量不平衡。通过化学反应代谢能量以发挥功能的生物系统提供了一种有效的方法来做到这一点。他们学生的模拟结果直观地描述了当能量流过物质时，这样一个复杂的系统是如何从简单的分子中产生的。这很像在排水槽中不可避免地出现的漩涡。

虽然英格兰的研究使用了模拟,但实际使用物理材料的实验证明了相同的现象。2013 年,日本的科学家的研究表明,简单地将光(能量流)照射在一组银纳米粒子上,就可以使它们组装成更有序的结构,从而可以有效地从光中耗散更多的能量[10]。2015 年,另一个实验证明了宏观世界中的类似现象[11]。当导电珠放入油中并受到来自电极的电压冲击时,这些导电珠形成了复杂的集体结构,具有"蠕虫状运动",只要能量流过系统,这种运动就会持续存在。作者评论说,该系统"表现出如下特性"类似于"我们在生物体中观察到的那些"。换句话说,在适当的条件下,用能量撞击一个无序的系统将导致该系统自组织并获得与生命相关的属性。

这种趋势不仅可以解释生物的内部秩序,还可以解释许多无生命结构的内部秩序。雪花、沙丘和湍流漩涡都有一个共同点,即它们都具有某种耗散过程驱动的多粒子系统中出现的引人注目的图案结构。

5.2.3 自我复制

自我复制(或自我繁殖)是生命的另一个显著特征,它推动着地球上生命的进化。这个特征也可以用"不可避免的生命"假设来解释。随着时间的推移消耗更多能量的一个好方法是制作更多自己的副本。

科学家们已经观察到非生物的自我复制。加州大学伯克利分校的菲利普·马库斯(Philip Marcus)及其团队在《物理评论快报》中报道,湍流流体中的涡旋会自发地发生通过从周围流体的剪切力中汲取能量来复制自己[12]。哈佛大学的迈克尔·布伦纳(Michael Brenner)和他的合作者展示了自我复制的微观结构的理论模型[13],这些特殊涂层的微球簇通过将附近的球体缠绕成相同的簇来耗散能量。

基于生物和非生物都可以有内在的秩序并且可以自我复制的事实,我们可以看到生物和非生物之间的区别并不明显,所有这些都只是有助于稳定宇宙。

5.2.4　分形几何结构

为了有效地稳定宇宙,智能自然会产生。生物系统中最令人惊奇的结构之一是分形几何。客观自然界的许多自然和生物系统中具有自相似的"层次"结构,在一些理想的情况下,甚至具有无穷层次。当适当放大或缩小事物的几何尺寸时,整个层次的结构并不改变。不少复杂的物理、化学和生物现象,背后反映着这类层次结构的分形几何学。分形几何出现在需要效率的自然和生物系统中,例如毛细血管网络、肺泡结构、大脑表面积、穗状花序或树上叶子的分枝模式。

分形对象是复杂的结构,使用简单的程序构建,涉及的信息很少。对丁生物来说,这具有明显的利益,因为它们必须通过最经济的方式实现最有效的结构,以实现多个目标[14]。令人惊讶的是,可以开发基于分形几何算法的数学函数来模拟它们。

一个很好的分形几何的例子是罗马花椰菜,如图 5.1 所示,这是一件复杂的艺术作品和数学奇迹。整个头部由模仿较大头部形状的较小头部组成,而每个较小的头部又由更小的、相似的头部组成。它继续前进,前进,前进……花椰菜呈

图 5.1 · 罗马花椰菜的分形结构

现出一种不同寻常的器官排列方式,多个层级的许多螺旋状组织嵌套在一起。

1975 年,数学家贝努瓦·曼德博(Benoit B. Mandelbrot)提出了"分形"这个词[15]。描述分形的最好方法是考虑它的复杂性,分形是无论放大或缩小多少,形状都保持相同的复杂性。分形几何学是一门以不规则几何形态为研究对象的几何学。简单地说,分形就是研究无限复杂具备自相似结构的几何学。

在传统几何学中,我们研究对象为整数维数,比如,零维的点、一维的线、二维的面、三维的立体乃至四维的时空。相比之下,分形几何学的研究对象为非负实数维数,如 0.83、1.58、2.72(参见康托尔集)。因为它的研究对象普遍存在于自然界中,因此分形几何学又被称为"大自然的几何学"。分形几何是大自然复杂表面下的内在数学秩序。

数学意义上分形的生成基于一个不断迭代的方程式,即一种基于递归的反馈系统。分形有几种类型,可以分别依据表现出的精确自相似性、半自相似性和统计自相似性来定义。虽然分形是一个数学构造,但是它同样可以在自然界中被找到,这使得它被划入艺术作品的范畴。分形在医学、土力学、地震学和技术分析中都有应用。

5.3 微生物的智能

5.3.1 微生物

微生物是肉眼难以看清，需要借助光学显微镜或电子显微镜才能观察到的一切微小生物的总称。微生物包括细菌、病毒、真菌和少数藻类等。因为不同的环境所致，它们形态各异。宇宙中的生物，第一个出现的便是微生物，有了它们，才有了后面的植物、动物乃至现在的人类。可就算是有了人类，它们也并没有就此灭绝。

微生物从一开始的原核生物，进化到后来的真核生物，从没细胞核，进化到有细胞核。微生物结构简单，通过分裂繁殖，极其迅速。有些微生物一天内甚至可以繁殖几十代，它们代谢也很快。正是这种惊人的繁殖速度，还有低要求的生存状态，导致微生物得以活到现在且在地球上无处不在。

微生物对人类影响之一是导致传染病的流行。在人类的疾病中，有很多是由病毒引起的。微生物导致人类疾病的历史，也就是人类与之不断斗争的历史。虽然在微生物导致疾病的预防和治疗方面，人类取得了长足的进展，但是新现和再现的微生物感染还是不断发生。至今，大量的病毒性疾病一直缺乏有效的治疗药物。人类对一些疾病的致病机制并不清楚。大量的广谱抗生素的滥用造成了强大的选择压力，使许多菌株发生变异，导致耐药性增强，人类健康受到新的威胁。一些分节段的病毒之间可以通过重组或重配发生变异，最典型的例子就是 2020 年年初开始全球流行的新型冠状病毒。人们所认为不"智能"的病毒，却夺走了超过 600 万"智能人类"的生命（截至 2022 年 3 月）。

5.3.2　智能的黏菌

微生物非常智能。例如，黏菌（slime mold）作为一种单细胞生物，它们表现出来的智慧让人难以想象。普林斯顿大学的约翰·泰勒·邦纳（John Tyler Bonner）曾这样评价黏菌，"只不过是包裹在薄薄的黏液鞘中的一袋变形虫，但它们却有与拥有肌肉和神经的动物（即简单的大脑）相同的各种行为。"它们不但会走迷宫，有学习能力，甚至还能模拟人造交通网络布局。而这一切，竟全都建立在黏菌没有神经系统、没有大脑的前提下。

黏菌的智能首先得到人们的关注，是从一个著名的黏菌迷宫实验开始的。2000 年，日本仲垣（Nakagaki）等科学家们设置了这么一个有趣的实验[16]。他们将黏菌培养在一个在普通迷宫中，在迷宫的起点和终点处，都放了一些黏菌们最喜爱的食物燕麦。在迷宫中，一共有 4 条长短不一的路线，可以连接到这两个燕麦食物源。

在实验开始，研究人员发现黏菌会伸展自己的细胞质，覆盖住几乎整个迷宫平面。而在复杂的迷宫里面，完全没能阻碍它们的智能。只要黏菌发现了食物，它们就开始慢慢缩回多余的部分，最后只剩下最短的路径。

在实验中，黏菌们都像商量好了似的，总是毫不犹豫地选出那条消耗体力最少、又能获得食物的道路。

如果你觉得黏菌会走迷宫还不算厉害，它们还有更强的智能。比走迷宫复杂上无数倍的路况，都难不倒它们找出"最优解"。

2004 年，研究人员在上面这个实验基础上，设计了一个新的实验来考验黏菌。在新的实验中，研究人员在平面上随机放置多个食物源，考验黏菌是否还能找出觅食多个食物源的最优路径。在这个问题中，关键是应该建立怎么样的线路，才能确保消耗最少的能量，又能吃全这些燕麦呢？最终，黏菌果然不负众望。它们连接各点所形成的网络，几乎就是工程里的最佳化路径。

别以为找到最佳化路径很简单,这个问题可蕴含着极其复杂的组合优化问题,并且问题的复杂程度随着节点数的增加以指数形式增加。不难想象,在现实世界中设计一个交通网络到底得有多困难,但是黏菌真正厉害的地方是,它们能综合考虑各方面的情况,它们找到的路径不是最短的,而是最优的。

有了上面两个实验,研究人员进一步想能否让黏菌设计更加复杂的网络,整个日本东京地区的铁路网!

我们知道,东京地区的铁路系统是世界上最高效且布局最合理的铁路系统之一。工程技术人员花费了大量的人力物力才设计出来。然而黏菌这种根本没有神经系统、没有脑袋的单细胞生物,只需要几十小时疯狂生长,就能重复工程技术人员几十年的心血。

在这个实验中,研究人员依照东京地区的地形轮廓打造出了一个大平面容器。此外,根据黏菌的避光特性,用光照来模拟周围的地形和海岸线,用以限制黏菌的活动范围。因为真实的铁路网络,会受到地形、山丘、湖泊和其他障碍物的阻碍。然后,研究人员把一块最大的燕麦投放在容器中央,用这块燕麦代表东京站的位置。其他的 35 块小块燕麦,则被分散地放在容器内。这些小燕麦对应东京铁路系统中的 35 个车站,如图 5.2 和图 5.3 所示。

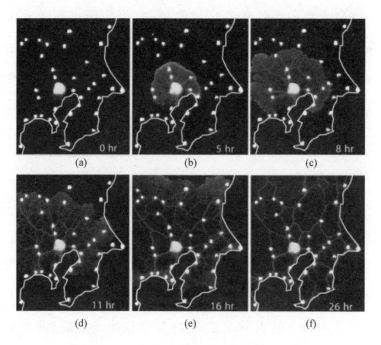

图 5.2　由黏菌设计的日本东京地区铁路网

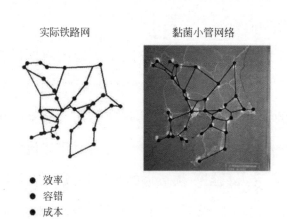

图 5.3　黏菌形成的东京铁路网络

在实验开始时，黏菌会尽量铺满容器的平面，以此来对新的领域加以探索。经过十几个小时不断地探索优化后，黏菌仿佛略有所悟一样，开始优化布局。链接燕麦之间的管道会不断强化，而一些对链接用途不大的管道则会逐渐缩回消失。大约过了 26 个小时不断地探索优化后，这些黏菌就形成了一个与东京地区铁路网络高度相似的网络。黏菌形成的网络简直就是东京铁路的翻版，甚至比真实的东京铁路更富有弹性[17]。

来自西英格兰大学的安德鲁·阿达马茨基（Andrew Adamatzky）和他在世界各地的同事在 14 个地理区域（澳大利亚、非洲、比利时、巴西、加拿大、中国、德国、伊比利亚、意大利、马来西亚、墨西哥、荷兰、英国和美国[18]）的高速公路做实验，得出了相似的结论。

更令人不可思议的是，黏菌形成的网络还具有高效的自我修复性。比如，只要将其中一个食物源拿掉，整个网络将会根据之前的"最优化"原则重新排布。

无脑、无神经的黏菌究竟是怎样完成这个智能性网络的，至今仍然是一个未解之谜。正因为"无脑"却又表现出的智慧，人们猜想这会不会是打开未来人工智能大门关键的一把钥匙。

5.3.3　顽强的微生物

研究人员发现,同一种微生物会在它们的生存受到威胁时相互"提醒沟通"。哈佛大学时间生物学奠基人之一约翰·伍德兰·黑斯廷斯(John Woodland Hastings)提出,如果可以操控这些微生物之间的信息传递,可以减缓微生物感染的速度。这样不仅使病患可以更快痊愈,而且不会让细菌产生抗体。

伊利诺伊大学的生物化学教授萨蒂什·奈尔(Satish Nair)的研究团队认为,"细菌是非常智慧的生物,它们可以在任何地方生存,并能飞快地适应新环境。"比如,结肠炎耶尔森杆菌,作为一种食源性病毒可以通过化学信号来沟通,一旦周围环境发生改变,它们就可以一起做出反应来应对。研究人员们正在想办法通过这些化学信号来对抗细菌感染。

另外一种对抗细菌感染的方法是让一种微生物杀死另一种微生物。英国细菌学家、生物化学家、微生物学家亚历山大·弗莱明(Alexander Fleming)在 1928 发现了青霉素,后英国病理学家霍华德·弗劳雷(Howard Florey)、德国生物化学家恩斯特·伯利斯·钱恩(Ernst Boris Chain)进一步研究改进,并成功用于医治人的疾病,三人共获诺贝尔生理学或医学奖。青霉素的发现，使人类找到了一种具有强大杀死细菌作用的药物，结束了细菌传染病几乎无法治疗的时代。青霉素的发现也掀起了寻找抗生素新药的高潮，从此人类进入了合成新药的新时代。此后，各种各样的抗生素被研制出来，掀起一场场"屠杀"细菌的大战。抗生素通过各种手段破坏细菌的繁殖与生长能力，让它们不能在人类中造成疾病。

在现代医疗中，我们一直在使用抗生素。无奈的是，细菌的智能之处就在于它们可以很快适应抗生素。所以抗生素使用多次之后，细菌就对它免疫了。

奈尔曾说过，通常来讲，几乎每种细菌都会对至少一种抗生素免疫。研究者发现了一些可以阻挡所有已知抗生素的"超级细菌"。这种细菌可以迅速出现抗药性，因为它们把自己已经免疫的抗生素用化学信号"通知"别的细菌，这样使得同一片细菌都产生了抗药性，这也就是它们成为"超级细菌"的原因。

有些研究者认为，广谱抗生素和滥用抗生素的行为实际上是不科学的，因为抗生素不分好坏，会将好的细菌一并杀死，且存活下来的细菌会对抗生素产生抗体，并且把抗体传递给其他的细菌。如此看来，杀死细菌的方式只会催生更强大的细菌。

作为被人们认为不"智能"的"最低级"的生命体，微生物为什么会有这么高的"智能",在地球上存在 40 多亿年？从推动宇宙趋向稳定的方面来考虑,这个问题不难理解。微生物所做的一切都是未来最大化自己的生存机会和最大化自己的后代。更多的后代会使熵产生更多。第 4 章提到,熵越大,意味着发生的可能性越大,即对应更稳定的状态。如此看来,微生物的智能,只不过是其推动宇宙趋向稳定的过程中应运而生的产物。

5.4　植物的智能

1880 年,达尔文提出了第一个现代植物智能概念。在"植物运动的力量"中,他得出结论,植物的根部具有"指导相邻部分运动的力量",因此"就像一种低等动物的大脑,大脑位于身体的前端,接收来自感觉器官的印象并指挥几个动作。"

5.4.1　发达的感官系统

植物虽然没有眼睛,但它却能察觉到光。植物虽然没有鼻子,但它能闻到气味。在我们的日常生活中,催熟水果是人们熟悉的一个技巧,把成熟的苹果或者香蕉和坚硬的鳄梨或者猕猴桃放在一起,它们也会很快变得成熟。这背后是因为未成熟的水果嗅到了成熟果实散发在空气中的乙烯。

20 世纪 30 年代,剑桥大学的理查德·盖因(Richard Gein)通过实验证明,在成熟苹果周围的空气中含有乙烯。康奈尔大学的博伊斯·汤普逊(Boyce Thompson)研究提出,乙烯是一种使果实成熟的通用植物激素。这种激素保证了一棵植物的果实同时成熟。

除了视觉、嗅觉,植物还拥有味觉、触觉。动物用舌头品尝食物,植物的根也会在土壤中寻找自己需要的微量元素,比如磷酸盐、硝酸盐和钾。而诸如捕蝇草、猪笼草等食虫植物之所以存在,也是因为对于氮的需求。食虫植物散发芬芳甜蜜的物质来诱捕猎物,得手后通过制造酶来分解营养物质,并且使叶子吸收,进而代谢掉捕捉到的动物。这个过程中触觉发挥了重要作用。

植物与植物之间也要互相沟通。例如,很多人喜欢修建草坪时的气味,实际上构成这些气味的挥发物正是草的报警信号,"表明这片叶子已经遭到了外力(在自然界中常常是昆虫)的侵害,因此要通知邻近的草叶赶快合成一些防御性化学物质。这就是植物间通信的一种方式,可以认为是植物智能的一种体现"。

与动物的神经系统类似,植物可以通过地下真菌网络共享水分和养分来相互交流,通过真菌网络向其他树木发送化学信号,提醒它们注意危险。此外,植物可以通过气体和信息素发出信号。例如,当动物开始咀嚼植物的叶子时,植物可以将乙烯气体释放到土壤中,通知其他植物,然后附近的植物可以将单宁发送到叶子中,因此也许能够毒害冒犯的动物。

5.4.2　智能决策

说起植物的智能,很多人都会想到能"吃虫子"的捕蝇草,如图 5.4 所示。它是原产于北美洲的一种多年生草本植物。捕蝇草是一种非常有意思的食虫植物,它在叶的顶端长有一个像"贝壳"一样的捕虫夹,且能分泌蜜汁,当有小虫闯入时,能以极快的速度将其夹住,并把小虫吃掉,消化吸收。

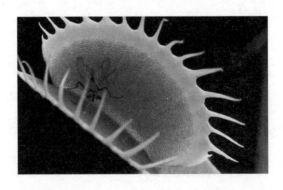

图 5.4　能"吃虫子"的捕蝇草

捕蝇草每次合拢都需要耗费大量能量,如果抓到的猎物太小,吃到的肉没有消耗的多,就算抓住了也得不偿失。为了实现智能决策,捕蝇草能记住自己之前所受的刺激,甚至还能"读秒"。捕蝇草叶片边缘会有规则状的刺毛,就像人的睫毛一般。智能的捕蝇草不会为了从它身边飘落的树叶就草率地关闭夹子。它的触发毛中如果有两根在大约20秒内被物体触动,叶片就会闭合,也就是说它要记住此前有一根被触动过,并开始记秒数。捕蝇草还能记住触发毛被触发的次数。抓住猎物之后,捕蝇草会在触发毛被触动5次以后开始分泌消化液。

并不只有能快速反应的植物才能做出聪明的决策,其实所有植物都会对周围的环境变化做出回应。它们每时每刻都在生理和分子水平上做决策。在烈日炎炎的缺水环境下,植物几乎会立即关闭气孔,阻止叶面上这些微小的气孔让水分流失。但这种反应是否真的称得上"聪明"?

玉米、烟草和棉花遭到毛毛虫啃食时,它们会产生化学物质吸引寄生类黄蜂前来。寄生类黄蜂会将自己的卵放入啃食植株的毛毛虫体内,然后毛毛虫将死去,并养活黄蜂的幼虫。

锤兰这种花会模仿雌性黄蜂的外表和气味,以欺骗雄性黄蜂来给自己授粉。一旦雄性黄蜂来到,锤兰就会"诱捕"它,然后黄蜂全身会沾满花粉，并传播给另一朵花。

植物智能超越了适应和反应，进入了主动记忆和决策领域。1973年畅销书《植物的秘密生活》由彼得·汤普金斯（Peter Tompkins）和克里斯托弗·伯德（Christopher Bird）撰写，书中提出了一些疯狂的主张，例如植物可以"读懂人的思想""感受压力"和"挑剔"植物杀手。

西澳大利亚大学进化生态学副教授莫妮卡·加利亚诺（Monica Gagliano）对盆栽含羞草（Mimosa pudicas）做了一些有趣的实验。含羞草通常被称为"羞耻植物"，它的叶子受到干扰时会向内折叠。理论上，它会防御任何攻击，不分青红皂白地将任何接触或跌落视为进攻并关闭自己。加利亚诺在2014年发表了一项研究，称羞耻植物"记住了"它们从这么低的高度掉下来实际上并不危险，并意识到它们不需要保护自己。加利亚诺认为她的实验有助于证明"大脑和神经元是一种复杂的解决方案，但不是学习的必要条件。"她相信植物正在学习和记忆。相比之下，蜜蜂在几天后就会忘记它们学到的东西，而羞耻植物则记住了近一个月[19]。

如果植物可以"学习""记忆""交流"，那么人类可能误解了植物和人类自身。我们必须重新审视对智能的共同理解。

5.5　动物的智能

　　长期以来,人类都认为自己是唯一具有智能的物种。即使我们承认其他动物物种有智能,也是把人类从整个动物界隔离了出来。荷兰著名的心理学家、动物学家和生态学家灵长类动物学者弗朗斯·德瓦尔(Frans De Waal)在《万智有灵》这本书中描述了各种各样动物的智慧[20]。

5.5.1　使用工具

　　能够使用工具被认为是人类特有的智能表现。但是有些动物也能够制造工具和使用工具。研究发现,在刚果共和国的一种黑猩猩会带着长度不同的两根枝条去猎食。其中一根枝条是个大约 1 米长的结实木棍,另一根则是非常柔韧的草茎。如图 5.5 所示,在猎食蚂蚁的过程中,黑猩猩会把长木棍当作铁锹来用,挖出一个洞通往蚂蚁巢穴,然后再将另外一根柔韧的草茎探入蚂蚁洞中,把草茎作为诱饵,蚂蚁咬住草茎,然后黑猩猩就像钓鱼一样把咬住草茎的蚂蚁拽出来并吃掉。这种动物使用工具组合的现象是极为常见的。所以说使用工具并不是人类特有的智能。

图 5.5　会使用工具的黑猩猩

　　有些动物在使用工具的过程中，甚至还会在头脑中预演使用工具未来的状况，然后根据预演的状况，做出有效的行动计划。动物学家在一个实验中，把花生放在一个位置固定的细管中。动物要想得到花生，就必须用一个东西把花生从管子里面顶出来。在实验中，实验人员为僧帽猴准备了各种工具，包括长棍、短棍和柔韧的橡胶。经过很多次错误的尝试之后，僧帽猴最终选择了长棍，用长棍把花生从管子里面顶出来。

　　动物学家在后面的实验中增加了难度，在管子的中间增加了一个洞，如果僧帽猴用工具推动花生的方向不对，花生就会掉到一个罐子里面，僧帽猴就会拿不到花生。经过一系列失败的尝试之后，僧帽猴发现了这个新的实验规律，用长棍从正确的方向上推动花生,最终成功拿到花生。这个实验并不容易,把同样的实验交给人类的幼童来做,只有在 3 岁之后的人类幼童才能成功拿到花生。

黑猩猩同样参与了这个实验,令人惊奇的是,它们不需要像僧帽猴那样反复试错,经过思考就可以直接成功得到花生。

不仅是哺乳动物,就连爬行动物、鸟类,甚至无脊椎动物中也有使用工具的案例。新喀里多尼亚乌鸦同样可以组合使用工具。在一项有趣的实验中,需要先用短棍拿到长棍,再用长棍去获取食物。7 只乌鸦中有 3 只在第一次尝试时就成功地完成了任务。在另外一个实验中,聪明的短吻鳄会制作一个陷阱,它们用漂浮的树枝吸引水鸟在树枝上休息,然后它们在水下发起伏击。如果水中的树枝很少,它们就去远处挑选树枝来制作陷阱。在印度尼西亚海域的一种椰子章鱼,会聪明地将椰子壳捧回家,然后作为自己的掩体,在海底安全移动。

5.5.2　动物语言和社交

有人认为使用语言是人特有的天赋。但是,许多动物也可以使用语言表达自己的想法。最常见的例子就是鹦鹉学舌,而且有些鹦鹉已经聪明到能够使用不同的词汇,这说明鹦鹉能够将想法和语言连接在一起。

在海洋中,海豚同样是会使用语言、充满智慧的生物。海豚中的每个成员都有属于自己的特色语言,这是一种频率很高的哨音,幼年的海豚在 1 岁时就能发出这种哨音,从此就可以标明自己的特定身份。有些时候,这些哨音还会被其他海豚模仿,如果被呼唤的海豚听到了,它确实会做出回应。这个案例说明,动物也会给彼此起名字,建立起自己的社交网络。

在动物们的社交网络中,还会有像人类社交网络中相似的衍生文化现象。科研人员发现,在黑猩猩的社交网络中有很多互动行为,包括文化传播行为,最终让整个群体表现出有别于其他群体的行为特征。它们甚至会发明一些被称为"时尚"的行为,也就是一种流行的动作或游戏。

一个在人工饲养状态下的黑猩猩群,它们不断地变换着自己的"时尚"行为。在某一个时间段内,这群黑猩猩会排成一列纵队,踩着同样的节拍绕着一根柱子一圈又一圈地小跑,一只脚轻轻落下,另外一只脚则重重踩下,同时摇头晃脑,如同跳舞一样。在另外一个测试中,实验人员会与黑猩猩玩一些需要智力的游戏,如果重复玩同一种游戏,会使黑猩猩走神,它们会感到无聊,并且试图与实验人员换个游戏。

参考文献

[1]　Schrodinger E. What is Life? The physical aspect of the living cell[J]. American Naturalist,1967,1(785)：25-41.

[2]　Oparin A I. The origin of life[M]. London：Weidenfeld & Nicolson,1967：199-234.

[3]　Miller S L. A production of amino acids under possible primitive earth conditions[J]. Science,1953,117(117)：528-529.

[4]　胡永畅,蒋成城,陈常庆,等.全合成胰岛素和丙氨酸转移核糖核酸的决策和组织[J].生命科学,2015,27(6)：7.

[5]　Thaxton C B,Bradley W L,Olsen R L. The mystery of life's origin：reassessing current theories[J]. Biochemical Society Transactions,1984,13(4)：797-798.

[6]　de Duve C. Vital Dust：The origin and evolution of life on earth[M]. Basic Books,1995.

[7]　Smith E,Morowitz H J. The origin and nature of life on earth：the emergence of the fourth geosphere[M]. Cambridge：Cambridge University Press,2016.

[8]　Kachman T,Owen J A,England,J L. Self-organized resonance during search of a diverse chemical space[J]. Physical Review Letters,2017,119(3)：38-41.

[9]　Horowitz J M,England J L. Spontaneous fine-tuning to environment in many-species chemical reaction networks[J]. Proceedings of the National Academy of Sciences, 2017,

114(29)：7565-7570.

[10] Ito S, Yamauchi H, Tamura M, et al. Selective optical assembly of highly uniform nanoparticles by doughnut-shaped beams[J]. Scientific Reports, 2013, 3(1)：1-8.

[11] Kondepudi D, Kay B, Dixon J. End-directed evolution and the emergence of energy-seeking behavior in a complex system[J]. Physical Review E Statistical Nonlinear & Soft Matter Physics, 2015, 91(5)：050902.

[12] Marcus P S, Pei S, Jiang C H, et al. Three-dimensional vortices generated by self-replication in stably stratified rotating shear flows[J]. Physical Review Letters, 2013, 111(8)：697-711.

[13] Zeravcic Z, Brenner M P. Self-replicating colloidal clusters[J]. Proceedings of the National Academy of Sciences, 2014, 111(5)：1748-1753.

[14] Calkins J. Fractal geometry and its correlation to the efficiency of biological structures[J]. Honors Projects, 2013：205-208.

[15] Mandelbrot B. The fractal geometry of nature[M]. New York：W H Freeman, 1982.

[16] Nakagaki T, Yamada H, Tóth Á. Maze-solving by an amoeboid organism[J]. Nature, 2000, 407：470.

[17] Tero A, Takagi S, Saigusa T, et al. Rules for biologically inspired adaptive network design[J]. Science, 2010, 327(5964)：439-442.

[18] Adamatzky A, Akl S, Alonso-Sanz R, et al. Are motorways rational from slime mould's point of view?[J]. International Journal of Parallel Emergent and Distributed Systems, 2012, 28(3)：230-248.

［19］ Gagliano M,Renton M,Depczynski M,et al. Experience teaches plants to learn faster and forget slower in environments where it matters［J］. Oecologia,2014,175(1)：63-72.

［20］ de Waal F. Are we smart enough to know how smart animals are?［M］. WW Norton & Company,2016.

第6章

人类的智能

大脑是一个你可以握在手中的只有大约 3 斤重的物质，但是可以想象一个千亿光年的宇宙。

——玛丽安·戴梦德（Marian Diamond）

大脑是最后也是最伟大的生物前沿，是我们在宇宙中发现的最复杂的东西。

——詹姆斯·杜威·沃森（James Dewey Watson）

研究表明，与现代人类非常相似的动物最早出现在 250 万年前。7 万年前，认知革命发生在非洲一个名为"智人"的物种中。智人的大脑结构达到了一个复杂的门槛，从而形成了思想、知识和文化。因此，生物学催生了人类历史。

本章首先介绍人类大脑中的新皮质这种有效的结构,然后介绍人类特殊的思维方式、关于人类大脑的理论,最后讨论人类智能在处理信息过载的问题中显示的不足与信息茧房现象。

6.1 大脑中的新皮质:一种有效的结构

是什么导致了智人的认知革命?我们不知道确切的原因,但是可以确定的是,认知革命为我们的祖先智人提供了新的思考和交流方式。达尔文主义者认为,随机基因突变改变了智人大脑的内部结构,使他们更聪明。但是,为什么它只发生在智人身上,而没有发生在其他物种的身上?

一个可能的原因是,大脑的特殊结构是由信息流引起的,类似于前几章描述的耗散结构现象。毫无疑问,信息对于动物的生存和繁衍非常重要。每时每刻,动物都面临着巨大的信息,包括食物、水、住所、捕食者等。在环境产生的信息流的驱动下,哺乳动物的大脑中出现了一个特殊的结构——新皮质(neocortex)。neocortex 来自拉丁语,意思是"新的外皮"。这种结构使大脑能够以比其他结构更有效的速度缓解大脑外部信息和大脑内部信息之间的不平衡。换句话说,使用这种结构,系统(大脑和环境)以比使用另一种结构时更有效的速度稳定下来。智能在这个稳定过程中自然出现。

大脑表面所覆盖的灰质称为大脑皮质,是高级神经活动的物质基础,由神经元、神经纤维及神经胶质构成[1]。人类大脑皮质上有大量的皱起,称为回,回间的浅隙称为沟,深而宽的沟称为裂。沟和回的面积增加了皮质的面积。大脑皮质表面分为五叶——额叶、顶叶、颞叶、枕叶和边缘叶。额叶、顶叶、颞叶、枕叶在系统中出现较晚,称为新皮质,边缘叶出现较早,称为旧皮质。

大脑皮质从外到内分为六层:分子层、外颗粒层、锥体细胞层、内颗粒层、节细胞层、多型细胞层,它们由不同类型的神经细胞组成,其中颗粒细胞接收感觉信号,锥体细胞传递运动信息。依据进化,大脑皮质分为古皮质(archeocortex)、旧皮质(paleocortex)和新皮质。古皮质和旧皮质与嗅觉有关,总称为嗅脑。在哺乳动物中,等级越高,新皮质越发达。古、旧皮质是三层的皮质,而新皮质则发展成为六层。人类新皮质高度发达,它约占据全部皮质的96%。

新皮质是哺乳动物大脑的标志,在鸟类或爬行动物中不存在,是哺乳动物大脑皮质的大部分,在大脑半球顶层,2~4mm厚,与一些高等功能如知觉、运动指令的产生、意识、空间推理及语言有关系。新皮质被称为"neo",因为它在进化上是大脑皮层的最新部分，它也是哺乳动物物种中分歧最大的部分，如图6.1所示。不同的哺乳动物新皮质的大小差别很大。在啮齿类动物中，它大约有邮票大小并且很光滑。在灵长类动物中，新皮层错综复杂地折叠在顶部大脑的深脊、凹槽和皱纹以增加其表面积。由于其精心折叠，新皮质构成了人脑的主体。人脑约80%的重量来自新皮质。智人的大额头的出现，使得智人有了更大的新皮质。

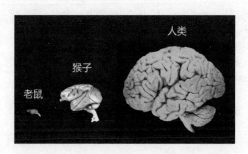

图6.1 老鼠、猴子和人类大脑的比较

6.2 人类特殊的思维方式

6.2.1 抽象等级与模式

新皮质的发展并不只是带来有益之处。由于新皮质的发展，哺乳动物需要付出巨大的代价。体重60千克的正常哺乳动物的大脑平均大小为 200 立方厘米。相比之下,现代智人的大脑大小为 1200～1400 立方厘米。第一个问题是,很难在一个巨大的头骨中携带这个巨大的大脑;另一个更重要的问题是,为这个巨大的大脑加油。大脑仅占人类体重的 2%～3%,然而,当身体处于休息状态时,需要身体大约 25% 的能量来为大脑提供能量。相比之下,其他猿类的大脑在休息时的能量消耗大约只占 8%。

由于成本高,能源效率非常重要。为了节省能量,新皮质使用"模式"来处理信息,并以分层的方式进行。雷·库兹韦尔(Ray Kurzweil)将此称为"思维模式识别理论"[2]。研究人员发现,没有新皮质的动物(如非哺乳动物)在很大程度上无法理解等级的概念。由于新皮层的出现,了解现实的等级性质成为哺乳动物的一种特征。

处理逻辑比识别大脑中的模式需要更多的能量。因此,人类只有较弱的逻辑处理能力,但具有很强的模式识别能力。

1978 年,神经科学家弗农·蒙卡斯尔(Vernon Mountcastle)观察到了新皮质组织的非凡一致性,假设它由一个反复重复的单一机制组成,并提出皮质柱作为基本单位[3]。这个基本单元是模式识别器,它构成了新皮层的基本组成部分。这些识别器能够相互连接。这种连通性不是由遗传密码预先指定的。相反,它的创建是为了反映随着时间的推移实际学习的模式。

在人类新皮质中，大约有 50 万个皮质柱，每个皮质柱包含大约 6 万个神经元。人类新皮质中总共有大约 300 亿个神经元。据估计，一个皮质柱内的每个模式识别器中大约有 100 个神经元，而人类新皮质中大约有 3 亿个模式识别器。

6.2.2 人类的八卦能力

尽管新皮质带来了成本，但这种新结构使智人不仅能够开发口头和书面语言、工具及其他多样化的创造物，还可以传递有关他们从未见过、接触过、闻过或根本不存在的事物的信息。

八卦、传说、神明、神话和宗教首次出现在地球上，正如尤瓦尔·哈拉利（Yuval Harari）在《人类简史》中所展示的那样。其他动物只能说它们以前见过、接触过、闻过的信息，比如它们会说，"小心！ 狮子！"；相比之下，智人可以说，"狮子是我们部落的守护神。"[4]

有意思的是，几乎每个上古人类部落都有类似的图腾崇拜。图腾一词来源于印第安语"totem"，意思为"它的标记""它的亲属"。18 世纪，人类学家在北美发现了印第安人的图腾崇拜。图腾一词是北美印第安人一个部落的语言，表示氏族的标志或徽号。生活在那个部落的人们认为图腾是氏族的祖先和保护神，因此他们的图腾是该氏族成员共有的特殊标记。这和我们现在关于姓氏的概念基本相同，图腾标记正好表明同氏族内成员之间的血缘联系。

太阳崇拜与鸟灵崇拜是人类社会最早的两大崇拜，而且太阳崇拜几乎跟鸟灵崇拜融为一体。因为在人类的原始思维中，太阳便是天空中飞翔的一只火鸟。图 6.2 是一个古蜀国图腾——太阳鸟。

图 6.2　古蜀国图腾——太阳鸟

让人颇为惊奇的是，这只太阳鸟还曾经是全人类共同的崇拜物。中国古代的鸾或雒，日本的天照大神，古埃及的赖鸟，古美洲的雷鸟，古希腊的克劳诺斯（宙斯），古印度的迦娄罗鸟，脱斡林勒鸟，等等，都是太阳鸟。而且有关太阳鸟的称谓在语音上都很近似，中国的"鸾"，古埃及的"赖"，古美洲的

"雷"，古印度的"迦娄罗"。

我国境内生活的先民在原始社会也有过其他图腾崇拜的习俗。《史记》中黄帝所率领的驱虎、熊罴、貔貅等，很可能就是传说中保留下来的氏族图腾的遗存。黄帝还被称为有熊氏，舜的祖父叫桥牛，诸侯称有蟜氏等，有着各式各样的传说。

另外，在先秦史籍、儒家经典中也找到了图腾崇拜的痕迹，如《左传·昭公十七年》记载"大嗥氏以龙纪，故为龙师而龙名"，叙述了一个以龙为图腾的氏族；"我高祖少睥挚之立也，凤鸟适至，故纪于鸟，为鸟师而鸟名"，这记载了一个以鸟为图腾的氏族。《尚书·皋陶谟》有"凤凰来仪""百兽率舞"的说法，理解为许多以鸟兽为图腾的氏族共同拥戴舜为首领。

《诗经·玄鸟》"天命玄鸟，降而生商。"——商王族以玄鸟为图腾，说明了他们认为玄鸟是自己的始祖。

在原始人信仰中，认为本氏族人都源于某种特定的物种，大多数情况下，被认为与某种动物具有亲缘关系，于是图腾信仰便与祖先崇拜发生了关系。许多图腾神话中都有祖先来源于某种动物或植物的记载，或是与某种动物或植物发生过亲缘关系，于是某种动物或植物便成了这个民族最古老的祖先。例如，"天命玄鸟，降而生商"（《史记》），玄鸟便成为商代的图腾。

6.2.3　缓解信息不平衡以促成稳定

由于智人是社会性动物,社会合作是生存和繁衍的关键。如果部落中的智人发现了狮子或共同的敌人,则该部落的智人之间存在信息不平衡。通过尽快将此信息传输给其他智人来缓解这种信息不平衡至关重要。

在认知革命之前,智人在一个群体中维持千变万化的关系的个体数量是几十个。当团体变得过大时,其社会秩序不稳定,团体分裂。那么他们怎样统一规则? 例如,谁应该是领导者,谁应该先吃饭,或者谁应该和谁交配?

在认知革命之后,智人具有前所未有的高效缓解信息不平衡的能力,使他们能够灵活地进行大量的协作。他们有能力传递关于并不存在的事物的信息,例如部落精神、国家、有限责任公司和人权。这使得大量陌生人之间的合作和社会行为的快速创新成为可能。

任何大规模的人类群体,包括国家、公司或教堂,都需要集体想象中的共同神话。

这种前所未有的合作,得益于人类大脑的特殊结构。而这种特殊结构是在信息流驱动下产生的,正如水流驱动产生特殊的山谷结构、能量流驱动产生特殊的生命结构一样。与其他结构相比,这些特殊的结构使大脑更有效地缓解信息、能量和物质的不平衡。

换句话说,人类使用大脑这种特殊的结构,比使用其他的结构能使系统更有效地稳定下来。我们再一次看到,智能在这个稳定过程中自然出现。

6.3　关于大脑的理论

对于研究智能机器的科学家来说,一种明显的方法是在计算机程序中模仿人脑,以便在计算机中复制人类智能。他们认为大脑是一块遵守物理定律的物质,计算机可以模拟任何东西。为了做到这一点,关于大脑如何工作的理论至关重要。

尽管人类在大脑和神经科学方面已有丰富的经验数据,但关于大脑如何工作的理论相对较少。本节将介绍其中的一些理论,包括贝叶斯大脑假说、高效编码原理、神经达尔文主义和自由能原理。

6.3.1　贝叶斯大脑假说

贝叶斯大脑假说认为,大脑以类似于贝叶斯统计的方式在不确定的情况下运作[5]。由于环境不断变化,人类和其他动物的大脑在感官不确定的世界中运作。大脑必须有效地处理不确定性以指导正确的行动。这个假设的基本思想是大脑有一个世界模型。当感觉输入信号到来时(如当看到某物或听到某声音时),大脑会主动解释和预测它的感觉。在这个假设中,有一个概率模型可以生成预测,与感官输入信号进行比较,根据比较结果,更新模型[6-7]。

18世纪,英国神学家、数学家、数理统计学家和哲学家,概率论创始人托马斯·贝叶斯(Thomas Bayes)提出了这个简洁、"不起眼"的贝叶斯定理。这一定理在他在世时并未发表,但之后却在各个领域发挥出巨大的作用。贝叶斯定理非常简单,但这并不妨碍它成为当代认知科学最热门的理论之一。

贝叶斯定理指出,有随机事件 A 和 B,在 B 发生的情况下 A 发生的可能性 $P(A|B)$ 等于,在 A 发生的情况下 B 发生的可能性 $P(B|A)$ 乘以 A 发生的可能性 $P(A)$,再除以 B 发生的可能性 $P(B)$,即

$$P(A \mid B) = \frac{P(A)P(B \mid A)}{P(B)}$$

贝叶斯定理使得我们能够根据已知的相关事件发生的概率推算出某件事情发生的概率。

早上起来我们一看天气,天上有云,我们想知道今天有雨的概率有多大。在这里,我们就可以用贝叶斯定理来看一下今天下雨的概率。

假定提前已知

(1) 50%的雨天的早上是多云的。

(2) 但多云的早上其实挺多的(大约40%的日子早上是多云的)。

(3) 这个月以干旱为主(平均30天里一般只有3天会下雨,占10%)。

那么,今天要下雨的概率是多少呢?

用"雨"来代表今天下雨,"云"来代表早上多云。

当早上多云时,当天会下雨的可能性是$P(雨|云)$。

$$P(雨|云) = P(雨) \cdot P(云|雨)/P(云)$$

$P(雨)$是今天下雨的概率$=10\%$

$P(云|雨)$是在下雨天早上有云的概率$=50\%$

$P(云)$早上多云的概率$=40\%$

基本的概率情况已经确定,则有

$$P(雨|云) = P(雨) \times P(云|雨)/P(云)$$

$$P(雨|云) = 0.1 \times 0.5/0.4 = 0.125$$

则得知今天下雨的概率是12.5%。

19世纪80年代,赫尔曼·冯·亥姆霍兹(Hermann von

Helmholtz)在实验心理学中表明,大脑从感官数据中提取知觉信息的能力是根据概率估计建模的。大脑需要根据外界的内部模型来组织感觉数据。研究人员已经为贝叶斯大脑假设研发了许多数学技术和程序。例如,2004 年大卫·科尼尔(David C. Knill)和亚历山大·普杰(Alexandre Pouget)使用贝叶斯概率论将感知表述为基于内部模型的过程。为了有效地使用感官信息来做出判断并指导行动,大脑必须在其感知和行动的计算中表示和使用有关不确定性的信息。大脑是一台推理机,它根据内部模型主动解释和预测外部世界。

贝叶斯大脑假设已被用于构建智能机器,特别是机器学习算法,这将在第 7 章详细说明。

6.3.2 高效编码原理

高效编码原理表明,在表征效率的约束下,大脑优化了来自感官数据的感知信息与大脑内部模型之间的互信息[8]。直观上,互信息衡量两个随机变量共享的信息,它衡量了解这些变量之一在多大程度上减少了另一个变量的不确定性。

简而言之,有效编码的原则是说大脑和神经系统应该以有效的方式编码感觉信息。该原理已应用于神经生物学,有助于理解神经元反应的性质。它可以有效地预测经典感受野的经验特征，并为视觉层次结构中的稀疏编码和处理流的分离提供原则性的解释。它已扩展到动力学，甚至用于推断神经元处理的代谢约束[9-11]。

6.3.3　神经达尔文主义

在神经达尔文主义中，神经元集合的出现是根据选择压力来考虑的。神经达尔文主义的美妙之处在于，它在彼此之间嵌套了不同的选择过程。换句话说，它避开了单个选择单元并利用了元选择的概念[12]。在这种情况下，（神经元）价值通过选择思考适应性刺激-刺激关联和刺激-反应联系的神经元组来赋予进化价值（适应性和适应度）。价值的能力是由自然选择来保证的，从某种意义上说，神经元价值系统本身受到选择压力的影响。

这个理论，特别是价值依赖学习，启发了"强化学习"，它是机器学习算法的一个重要分支。强化学习关注智能体如何在环境中采取行动以最大化其累积奖励[13-14]。强化学习是机器学习的三个基本范式之一，与监督学习和无监督学习"并驾齐驱"。强化学习是著名的 AlphaGo 背后的，一个可以在围棋比赛中击败任何人的计算机程序，这将在第 7 章详细说明。

6.3.4　自由能原理

自由能原理是由伦敦大学的英国神经科学家、脑成像领域的权威卡尔·弗里斯顿（Karl Friston）提出的[15]。他曾经研发了一种强大的技术，用于分析大脑成像研究的结果，并揭示皮层活动的模式及不同皮层区域之间的关系。弗里斯顿提出大脑的自由能原理，他想把大脑如何运作的机理用热力学来完美解释。

什么是物理中的自由能法则？第 4 章中有所涉及。简单来说，就是任何处于平衡状态的自组织系统均趋于自由能极小的状态。

自由能是什么？自由能是指在某一个热力学过程中，系统减少的内能中可以转换为对外做功的部分，它衡量的是在一个特定的热力学过程中，系统可对外输出的"有用能量"[16]。与外界具备能量交换的系统（一杯放在桌上的热茶）处于平衡状态下，则自由能最小（水温下降，热量扩散），指的是一个熵尽可能大的状态，当水温下降到室温时，达到最稳态。自由能最小是热力学第二定律下系统与外界环境相互作用的法则。

大脑认知系统的学习过程也符合这个自由能趋向最小的

原理。

　　简单地说，我们可以把大脑想象成那杯茶，外部环境和这杯水具有一种能量交互关系，对应大脑通过眼睛和耳朵这样的器官采集外部的信息（感知）。这杯水会越来越趋于室温，对应大脑像这杯水一样与外界交换信息，在这个过程中，大脑中关于外界的信息越来越丰富，它不仅是被动采纳，还要主动预测和做出行为。

　　在大脑的自由能最小原理中，学习的状态就是不断调整行为得到符合大脑预期的感知状态，并且大脑内部的状态能够更加准确地匹配外部世界的变化，不至于出现没有预期到的状况。这两部分合在一起使得大脑的自由能最小。这个原则的威力是巨大的，它可以告诉你为什么能看到很多你想看到的，尽管你平时从未知觉。

　　大脑的自由能最小原理试图提供一个统一的框架，将现有的大脑理论置于该框架内，希望通过统一对大脑功能的不同观点，包括感知、学习和行动来识别共同的论点[17]。

　　提出大脑的自由能最小原理的动机是：生物系统的本质特征是它们在面对不断变化的环境时需要保持其状态和形式。从大脑的角度来看，环境包括外部环境和内部环境。大脑的自由能最小原理本质上是大脑如何抵抗自然紊乱倾向的数学公式。为了做到这一点，大脑必须最大限度地减少其自由能。在公式中,自由能是惊喜的上限,这意味着如果大脑最小化自由能,它隐含地最小化惊喜[18]。在这里,意外是指概率很低的事件。例如,"在炎热的夏日下雪"将是一个惊喜。

一个惊喜会导致环境和大脑内部模型之间的信息不平衡。比如,在大脑的内部模型中,"炎热的夏天下雪"是极不可能的,如果真的发生了,那就是信息不平衡,系统不稳定。

在信息不平衡的情况下如何让它更稳定?答案是最小化自由能使其更稳定。最小化自由能有两种方式:动作(改变信息源)和更新(通过更新神经元连接和权重来改变内部模型),如图 6.3 所示。

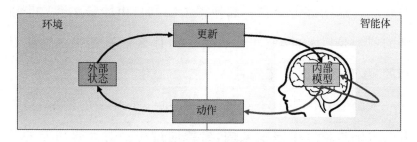

图 6.3　大脑的自由能最小原理

从这里我们看到认知模型包含两方面:一方面是感知和动作所获取的外部世界的状态;另一方面是大脑内部认知过程的内部模型的更新。这个内部模型不停地预测每个感官背后的动因和所蕴含的未来变化,而行为本身则趋向那些有利于生存的结果。学习的目的就是让内部状态的模型更准确

（预测精准），让行为决策获取更多对生存有利的证据。如果模型预测不正确，则行为决策无法得到正确的结果[19]。

相比之下，采取行动改变信息源比更新内部模型消耗的能量要少得多。上面我们曾经提过，我们的身体大约需要25％的能量来为大脑提供能量。

6.4　信息过载与信息茧房

过去，当信息因为技术（如互联网和手机）的缺乏而稀缺时，采取行动来改变信息源不是一个很好的选择，更新大脑的内部模型是唯一的选择，从而最小化自由能以使大脑更加稳定。

如今，由于互联网和手机的普及，信息无处不在，我们的手机里有各种 App，微信订阅了几十甚至上百的公众号。信息如同洪水猛兽一样推送到我们的面前，使我们应接不暇。随着科技的发展，信息的倍增周期不断缩短，有报告称，近 30年来人类生产的信息已超过过去 5000 年生产信息的总和。

在信息呈爆炸式增长的时代，信息虽然带给我们很多知识，但与此同时也带来了巨大的影响。它可能会使我们焦虑，无法专心于当下的事情，也可能由于过剩而引起信息灾变[20-21]。

前面我们介绍过,我们的祖先为了比别的动物处理更多的信息,进化出了大脑新皮质。但是这个令我们引以为豪的大脑新皮质,在信息呈爆炸式增长的时代显然"力不从心"。

怎样才能使我们的大脑系统更稳定呢?可行的方法是改变信息源,因为改变信息源比改变大脑内部模型容易得多。

这种现象已经被基于"推送"的推荐算法很好地利用了,它已经渗透到了几乎所有的互联网产品,例如浏览器、照片应用等。这些产品收集了浏览历史、点赞和评论,然后它们可以推导出你大脑的内部模型。例如,一个重要的帖子说,"动态消息的目标是向人们展示与他们最相关的故事。"如果你有浏览过疫苗阴谋论的历史,或者你喜欢与疫苗阴谋论相关的推文,那么计算机程序会推导出,在你大脑的内部模型中,你相信疫苗阴谋论,并将向你推荐有关疫苗阴谋论的更多信息。这样,既然没有信息源和内部模型之间的信息不平衡,你就没有太多的惊喜,你会感到高兴。

使用基于推送的推荐算法的结果之一是形成了"信息茧房",这是哈佛大学法学院教授凯斯·桑斯坦(Cass Sunstein)提出的一个概念。在 2006 年,这个词代表了当时互联网上的一个现象:人们在面对网上的海量信息时,往往只看到自己想看的,而算法会选择自己喜欢的信息给他们,结果只会缩小视野,就像蚕为自己结茧[22]。

早在 19 世纪,"信息茧房"的概念就被提出过。法国思想家亚历西斯·托克维尔(Alexisde Tocqueville)就已发现,民主社会天然地易于促成个人主义的形成,并将随着身份平等的扩大而扩散。

根据桑斯坦的说法,互联网构建了一个"通信世界,我们只听到我们选择的声音,只听到让我们感到舒服的声音。"在书中,他引用了麻省理工学院教授尼古拉斯·内格罗蓬特(Nicholas Negroponte)的工作,他"预言了'个人日报'的出现,这是一份完全个性化的报纸,我们每个人都可以在其中选择我们喜欢的观点。"简单地说,这意味着人们只会关注自己感兴趣的东西,从长远来看,这会缩小人们的视野。对于社会普通公众中的某些人而言,这是一个真正的机会,也是风险,有时会给商业和社会带来不幸的结果[23]。

桑斯坦在其著作中生动地描述了"个人日报"现象。在互联网时代,伴随网络技术的发达和网络信息的剧增,我们能够在海量的信息中随意选择我们关注的话题,完全可以根据自己的喜好定制报纸和杂志,每个人都拥有为自己量身定制一份个人日报的可能。

这种"个人日报"式的信息选择行为会导致网络茧房的形成。当个人长期禁锢在自己所建构的信息茧房中时,个人生活会呈现一种定式化、程序化。长期处于过度的自主选择,沉浸在个人日报的满足中,就会失去了解不同事物的能力和接触机会,不知不觉间为自己制造了一个信息茧房。

信息茧房只是一个中间结果。它将在与信息政治、民主、经济、娱乐、生活方式等相关的许多方面产生复杂而深远的影响。

生活在信息茧房里,公众就不可能考虑周全,因为他们自身的先入之见将逐渐根深蒂固,各个社会群体便会分裂。这样的一种思想偏狭将会带来各种误会和偏见。正是因为消息是免费获取的,所以在无数的新闻面前,公众必须做出取舍。假如每个人都只按照自己的心意选择自己喜欢看的消息,那么每个人的世界都只是他们所希望看到的,而不是世界本来应该拥有的样子。

长期生活在信息茧房中,容易使人产生盲目自信、心胸狭隘等不良心理,其思维方式必然会将自己的偏见认为是真理,从而拒斥其他合理性的观点,特别当获得"同盟"的认同后演化为极端思想。这种极端思想集中体现在看待事物时的观念表达上,更有甚者,当其个人诉求无法得到满足或者事态未按预想发展,便会做出一些极端的行为。

在互联网时代的信息爆炸之前,我们大脑中独特的新皮质结构使我们能够比任何其他动物更有效地处理信息流。尽管互联网在某些方面让我们的生活变得更轻松,但是后互联网时代信息量过大将导致信息过载,导致决策困难,甚至可能导致我们身心压力过大。越来越多的虚假信息出现在互联网上,通过影响人们的信仰和决策对商业和社会产生重大影响。

显然,我们需要大脑中的另一种新结构(如另外一层新的大脑皮质)来处理新的后互联网环境中的过多信息。然而,我们的进化比环境的变化要慢得多。这就是为什么史蒂芬·霍金悲观的原因——"人类受生物进化缓慢的限制,无法竞争,会被取代。"

参考文献

[1] Jackson T. The brain: An illustrated history of neuroscience[M]. Santiago: Shelter Harbor Press,2015.

[2] Kurzweil R. How to create a mind: the secret of human thought revealed[M]. New York: Viking Press,2012.

[3] Mountcastle V B. An organizing principle for cerebral function: the unit module and the distributed system[J]. The Neurosciences, 1979: 21-42.

[4] Harari Y N. Sapiens: A brief history of humankind[M]. New York: Random House,2014.

[5] Knill D C,Pouget A. The bayesian brain: the role of uncertainty in neural coding and computation[J]. Trends in Neurosciences, 2004,27(12): 712-719.

[6] Gregory R L. Perceptions as hypotheses[J]. Philosophical

Transactions of the Royal Society of London,1980,290(1038):
181-197.

[7] Kersten D, Mamassian P, Yuille A. Object perception as Bayesian inference[J]. Annual Review of Psychology,2004,55: 271-304.

[8] Linsker R. Perceptual neural organization: some approaches based on network models and information theory[J]. Annual Review of Neuroscience,1990,13(1): 257.

[9] Simoncelli E P, Olshausen B A. Natural image statistics and neural representation[J]. Annual Review of Neuroscience, 2001,24(1): 1193-1216.

[10] Laughlin S B. Efficiency and complexity in neural coding[J]. Novartis Foundation Symposium,2001,239: 177-187

[11] Montague P R, Dayan P, Person C, et al. Bee foraging in uncertain environments using predictive Hebbian learning[J]. Nature,1995: 725-728.

[12] Schultz W. Predictive reward signal of dopamine neurons[J]. Journal of Neurophysiology,1998,80: 1-27.

[13] Bellman R. On the Theory of dynamic programming[J]. Proceedings of the National Academy of Science of the United States of America,1952,38(8): 716.

[14] Sutton R S, Barto A G. Toward a modern theory of adaptive networks: expectation and prediction[J]. Psychological Review, 1981,88(2): 135.

[15] Friston K, Kilner J, Harrison L. A free energy principle for the brain[J]. J Physiol Paris,2006,100(1-3): 70-87.

[16] Callen H B. Thermodynamics[M]. New Jersey: Wiley,1966.

[17] Friston K. The free-energy principle: a unified brain theory?[J]. Nature Reviews Neuroscience,2010,11(2): 127-138.

[18] Itti L, Baldi P. Bayesian surprise attracts human attention[J].

Vision Research,2009,49(10):1295-1306.

[19] Friston K J,Jean D,Kiebel S J,et al. Reinforcement learning or active inference?[J]. PLOS ONE,2009,4(7):e6421.

[20] Zhang X S,Zhang X,Kaparthi P. Combat information overload problem in social networks with intelligent information-sharing and response mechanisms[J]. IEEE Transactions on Computational Social Systems,2020,7(4):924-939.

[21] Carter M,Tsikerdekis M,Zeadally S. Approaches for fake content detection:strengths and weaknesses to adversarial attacks[J]. IEEE Internet Computing,2020,25:73-83.

[22] Sunstein C R,Infotopia:how many minds produce knowledge[M]. Oxford:Oxford University Press,2008.

[23] Negroponte N. Being digital[M]. New York:Knopf,1995.

第7章

机器的智能

如果一台计算机可以欺骗人类相信它是人类，那么它就应该被称为智能。

——阿兰·图灵（Alan Turing）

机器智能是人类需要做出的最后一项发明。

——尼克·博斯特罗姆（Nick Bostrom）

构建智能机器的想法由来已久。古埃及人和中国人都曾经有关于机器人和无生命物体复活的神话。很多哲学家仔细考虑了机械人、人造生物和其他自动机已经存在或可能以某种方式存在的假设。通过机器模仿实现人的行为，让机器具有人类的智能，是人类长期以来追求的目标。

随着数字计算机的兴起，智能机器变得越来越强大。人工智能（Artificial Intelligence，AI）浪潮正在席卷全球。本章简要描述智能机器历史上的一些关键事件、技术学派、重要算法和将来的发展。

7.1　1950 年以前的智能机器

在人类的历史中，各种神学家、作家、数学家、哲学家对机械技术、计算机和数字系统进行了思考，这些思考促进了创造类似于人类机器的研究。

在 18 世纪 70 年代初期，乔纳森·斯威夫特（Jonathan Swift）在他的小说《格列佛游记》（*Gulliver's Travels*）中描述了一种名为"引擎"的设备，这是对具有人工智能的现代计算机的最早描述之一。借助该设备可以改进知识和机械操作，即使是最没有才华的人也似乎很有才华。

1921 年，捷克剧作家卡雷尔·恰佩克（Karel Čapek）创作的科幻剧《罗森的通用机器人》（*Rossum's Universal Robots*）中首次出现了"机器人"一词。在这部剧中，有工厂制造的人造人，叫作机器人。此后，人们开始使用"机器人"概念，并将其落实到学习、研究和开发中。

1927 年，弗里茨·朗(Fritz Lang)执导的科幻电影中首次出现了机器人的屏幕描述。在这部电影中，有一个机器人女孩袭击了小镇，对未来主义的柏林造成了严重破坏。这部电影为其他著名的非人类角色提供了灵感，例如《星球大战》中的 C-3PO。

日本制造的第一台机器人是日本生物学家西村诚于 1929 年开发的长老机器人 Gakutensoku(英文翻译为"学习自然法则")。这个机器人可以移动头部和手部，并改变面部表情，如图 7.1 所示。

图 7.1　日本生物学家西村诚于 1929 年制造的第一台机器人

1939 年，物理学家约翰·文森特·阿塔纳索夫(John Vincent Atanasoff)和他的研究生克利福德·贝瑞(Clifford

Berry）在爱荷华州立大学建造了 Atanasoff-Berry 计算机
（ABC）。ABC 可以解决多达 29 个联立线性方程，它的重量
超过 700 磅。

计算机科学家埃德蒙·伯克利（Edmund Berkeley）于
1949 年出版的《巨脑：或会思考的机器》（*Giant Brains：Or
Machines That Think*）一书指出，随着处理大量信息的能力
不断增强，机器可以思考。

7.2　1940—1960：AI 的诞生

7.2.1　AI 相关技术的发展

1940—1960 年，很多技术得以发展，这些技术试图将动
物和机器的功能结合起来。诺伯特·维纳（Norbert Wiener）
开创了控制论，旨在统一动物和机器的控制与交流理论[1]。
沃伦·麦卡洛克（Warren McCulloch）和沃尔特·皮茨
（Walter Pitts）于 1943 年开发了生物神经元的数学和计算机
模型[2]。

人工智能领域的许多进步在 20 世纪 50 年代取得了成
果。"信息论之父"克劳德·香农（Claude Shannon）在 1950

年发表了一篇题为《为下棋的计算机编程》的文章,描述了下棋计算机程序的发展。同年,艾伦·图灵发表了《计算机与智能》,提出了模仿游戏的想法,并提出"如果机器会思考"的问题。图灵推测了创造思维机器的可能性,它可以进行与人类无法区分的对话。这个提议后来变成了"图灵测试",它测量机器智能[3]。图灵测试是第一个严肃的关于人工智能的提议,并成为人工智能哲学的重要组成部分。

跳棋计算机程序是由计算机科学家亚瑟·塞缪尔(Arthur Samuel)于 1952 年开发的。该程序是第一个独立学习如何玩游戏的程序。

7.2.2 人工智能概念的提出

1956 年 8 月,在美国新罕布什尔州汉诺斯小镇的达特茅斯学院中,约翰·麦卡锡(John McCarthy)、马文·闵斯基(Marvin Minsky,人工智能与认知学专家)、克劳德·香农、艾伦·纽厄尔(Allen Newell,计算机科学家)、赫伯特·西蒙(Herbert Simon,诺贝尔经济学奖得主)等科学家正聚在一起,讨论着一个在当时看来还遥不可及的主题:用机器来模仿人类学习及其他方面的智能。

　　达特茅斯会议开了两个月的时间，虽然大家没有达成普遍的共识，但是却为会议讨论的内容起了一个名字：人工智能。因此，1956 年也就称为人工智能元年。人工智能被定义为机器思考的能力并以类似于人类的方式学习。

　　从人工智能的元年算起，人工智能的研究发展已有 60 多年的历史。这期间，不同学科或学科背景的学者对人工智能做出了各自的解释，提出了不同观点，由此产生了不同的学术流派。在这期间对人工智能研究影响较大的有符号主义、联结主义和行为主义三大学派。这三大学派主要的区别在于描述人类智能的不同方面（思想、大脑、行为）。

　　早在人工智能的概念提出之时，人工智能的几大派系的斗争就已经开始了。在符号主义者的方法论里，人工智能应该模仿人类的逻辑方式获取知识；联结主义者认为大数据和训练学习非常重要；行为主义者认为应该通过和环境的交互来实现特定目标。

　　（1）思想（符号主义）。思维意识的表达，人类想法、抽象逻辑和情感的起源。

　　（2）大脑（联结主义）。使思考成为可能的令人惊叹的大脑神经网络。

　　（3）行为（行为主义）。"感知—行动"是人与环境的交互。

7.3 符号主义

在 1956 年人工智能学科奠基人的达特茅斯学院会议之后，1956—1974 年是人工智能的黄金时期。

人工智能第一个高潮是符号主义（又称为逻辑主义、心理学派或计算机学派）。在派系斗争之初的几十年间，符号主义派的风头一直领先于其他对手。奉行联结主义的机器学习在早年间长期受到符号主义者的鄙视。

从 20 世纪 50 年代到 20 世纪 70 年代，人们起初希望通过提升机器的逻辑推理能力实现机器智能化。总体来讲，符号主义认为人类思维的基本单元是符号，而基于符号的一系列运算就构成了认知的过程，所以人和计算机都可以被看成具备逻辑推理能力的符号系统。换句话说，计算机可以通过各种符号运算来模拟人的"智能"。

图 7.2 描述了符号主义程序中的一个流程图示例。

因为人们的认知和这种学派对于 AI 的解释是比较相近的，可以较容易地为大家所接受，所以符号主义在 AI 历史中的很长一段时间都处于主导地位。

符号主义学派认为人工智能源于数学逻辑，数理逻辑从

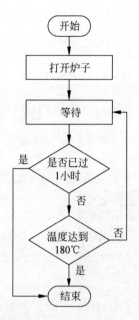

图 7.2 符号主义程序中的一个流程图示例

19 世纪末起得以迅速发展,到 20 世纪 30 年代开始用于描述智能行为。计算机出现后,又在计算机上实现了逻辑演绎系统。

人类一直使用符号定义事物(如汽车)、人(如老师)、抽象概念(如"爱")、行动(如跑步)或物理上不存在的事物(如神话)。正如第 6 章所讨论的那样,人们相信能够用符号进行交流使我们比其他动物更聪明。

因此,人工智能的早期先驱们很自然地假设智能原则上可以用符号来精确描述,符号人工智能占据了中心舞台并成为人工智能研究项目的重点。此外，计算机科学中的许多概念和工具，例如面向对象的编程，都是这些努力的结果。

符号主义代表人物马文·明斯基（Marvin Minsky）写了一本名为《感知机》（*Perceptron*）的书，结果直接把神经网络和联结主义给"写死"了，如图 7.3 所示。

图 7.3　马文·明斯基的《感知机》一书

感知机是那个年代的神经网络。明斯基在书中向联结主义发难：你们的感知机连最基本的异或（XOR）都做不到，做出来还有什么用[4]？也是在那一年，明斯基获得了图灵奖。

7.3.1　符号主义 AI 的成果

约翰·麦卡锡于 1958 年开发了 Lisp，这是 AI 研究中很受欢迎且仍然受欢迎的编程语言[5]。"机器学习"一词是由亚瑟·塞缪尔创造的，用来描述对计算机进行编程以使其比编写程序的人更好地下棋。

符号主义还有些代表性的成果，例如艾伦·纽厄尔（Allen Newell）等人发明的"逻辑理论家"，可以证明出《自然哲学的数字原理》（*Principia Mathematica*）中的 38 条数学定理（后来可以证明全部 52 条定理），而且某些解法甚至比人类数学家提供的方案更为巧妙。另一个例子是由赫伯特·西蒙（Herbert Simon）等人提出的通用问题解决器（General Problem Solver）推理架构及启发式搜索思路，影响相当深远（如 AlphaGo 就借鉴了这一思想）。

符号主义人工智能的另外一个成功例子是专家系统，该系统被编程为模拟具有特定领域专家知识的人类或组织的判断和行为[6]。这些系统中的"推理引擎"提供了高水平的专业知识。专家系统在工业中被广泛使用。一个著名的例子是 IBM 的深蓝（Deep Blue），它在 1997 年击败了国际象棋冠军卡斯帕罗夫[7]。日本政府重金在其第五代计算机项目（FGCP）中资助专家系统和其他 AI 相关工作。

专家系统对 20 世纪 AI 的繁荣起到了非常重要的推动作用，理论上来讲它也属于符号主义的研究成果。

由于这些鼓舞人心的成功故事，人工智能获得了前所未有的关注。研究人员乐观地认为，一台完全智能的机器将在不到 20 年的时间内建成。然而经过十几年研究发现，逻辑推理能力虽然上去了，机器却没有变得更聪明，逻辑似乎并不是打开智能大门的钥匙，于是又加上人的知识，即专家系统，直至今天发展到知识图谱。该范式的主要难点在于，对于许多问题，可能路径的数量对于 AI 而言是天文数字，无法找到一个解法。单沿这条线，可以解决一些问题，但仍很有限。

7.3.2　第一个人工智能冬天

1974—1980 年是第一个人工智能冬天。人工智能研究人员的巨大乐观情绪让人们寄予了很高的期望，当承诺的结果未能实现时，人工智能的资金和兴趣就消失了。

专家系统最适合处理静态问题，但不适用于实时动态问题。因此，开发和维护变得极其困难。专家系统可以将狭义的智能定义为抽象推理，与模拟世界复杂性的能力相去甚远。

专家系统的智能仅局限在一个很窄的领域，说它是"活字典"可能更准确。专家系统的主要难点在于知识的获取构建及推理引擎的实现。所以学者们围绕这些困难点发展了不少理论，比如反向链（Backward Chaining）推理、Rate 算法等。我们近几年接触到的知识图谱及大数据挖掘，也或多或少地与知识库的发展有关联性。

Lisp 机器的失败也给符号主义泼了一盆冷水。Lisp 是当时研究 AI 领域常用的编程语言，Lisp 机器是专门被优化用来运行 Lisp 程序的计算机。20 世纪 80 年代，研究 AI 的学校都买入了这种机器，最后却发现用它们做不出来 AI。之后就出现了 IBM PC 和苹果机，比 Lisp 机器便宜，运算力更强。

20 世纪 90 年代后期，随着日本智能计算机（第五代）被击败与人类百科全书 Cyc 项目的没落，AI 再次进入寒冷的冬天。AI 一词几乎已成为禁忌，并且使用了更温和的变体，例如"高级计算"。

另外，由于马文·明斯基对感知机的毁灭性批评，联结主义（或神经网络）领域几乎完全封闭了 10 年。

7.4　联结主义

联结主义的学者认为人工智能源于仿生学，特别是对人脑模型的研究。它的代表性成果是 1943 年由生理学家麦卡洛克(McCulloch)和数理逻辑学家皮茨(Pitts)创立的脑模型，即 MP 模型，他们开创了用电子装置模仿人脑结构和功能的新途径。它从神经元开始进而研究神经网络模型和脑模型，开辟了人工智能的又一发展道路。

7.4.1　感知机

受大脑启发的联结主义人工智能的第一个例子是感知机，由心理学家弗兰克·罗森布拉特(Frank Rosenblatt)在 20 世纪 50 年代发明[8]。它的灵感来自神经元处理大脑中信息的方式，如图 7.4 所示。一个神经元接收来自其他神经元的电或化学输入。如果所有输入的总和达到某个阈值，神经元就会触发。在计算其输入的总和时，神经元为来自更强联结的输入赋予更多权重。调整神经元之间的联结强度是在大脑中学习的关键。类似于神经元，感知机计算其输入的加权总和，如果总和达到某个阈值，则输出 1。

如何确定感知中的权重和阈值？与符号主义人工智能不同，后者具有明确的规则设置程序员，感知通过训练示例自行学习这些值。在训练中，如果结果正确，则给予奖励，否则将

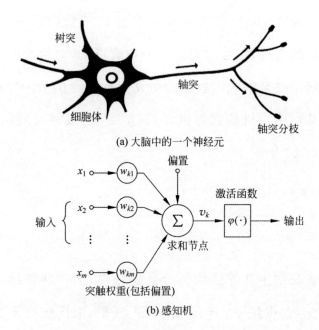

(a) 大脑中的一个神经元

(b) 感知机

图 7.4　受大脑启发的感知机

受到惩罚。

　　如果通过添加感知机层来增强感知机,则可以通过这种方法解决更广泛的问题。这种新结构、多层神经网络构成了大部分现代人工智能的基础。

　　然而,在 20 世纪 50 年代和 20 世纪 60 年代,由于没有通用算法来学习权重和阈值,训练神经网络是一项艰巨的任务。不幸的是,弗兰克·罗森布拉特于 1971 年在一次划船事故中去世,享年 43 岁。

　　由于受到当时的理论模型、生物原型和技术条件的限制,脑模型研究在 20 世纪 70 年代后期至 80 年代初期落入低潮。没有突出的支持者，也没有太多的政府资助，对神经网络和其他基于联结主义的人工智能的研究基本上停止了。特别是由于明斯基对感知机的强烈批评，联结主义（或神经网络）派系低迷了近 10 年。

7.4.2　机器学习

尽管联结主义方法的资金急剧减少，但一些联结主义研究人员在 20 世纪 70 年代和 20 世纪 80 年代坚持不懈。约翰·霍普菲尔德(John J. Hopfield)教授在 1982 年和 1984 年发表两篇重要论文[9,10]，提出用硬件模拟神经网络以后，联结主义才又重新抬头。1986 年，大卫·鲁梅尔哈特 (David Rumelhart)等人提出多层网络中的反向传播(BP)算法。此后，联结主义势头大振，从模型到算法，从理论分析到工程实现，为神经网络走向市场打下基础。

作为从专家系统的彻底范式转变，机器学习从 2010 年开始变得非常流行。机器学习不需要专家系统的编码规则，而是让计算机在海量数据的基础上发现它们。

机器学习属于人工智能的联结主义方法，它本质上模仿大脑。与努力模仿更高层次思维概念的符号 AI 相比，联结主义 AI 创建了自适应网络，可以从大量数据中"学习"和识别模式。有了足够复杂的网络和足够的数据，联结主义者认为可以实现更高级的人工智能功能，相当于真正的人类思维。

7.4.3　梯度下降

神经网络通过更新其权重和阈值来学习。执行此操作的标准学习算法称为"梯度下降"[11,12]。

本书多次提到梯度的概念。梯度只是距离（如能量、质量、温度、信息等）差异的度量。由于"自然界憎恶梯度"，梯度意味着不稳定，因此可以通过减小梯度来稳定系统。我们在物理、化学、生物和人类现象中讨论过这个过程。智能就出现在这个过程中。

机器学习中的梯度是机器的实际输出与机器的预期输出之间的差异。例如，假设你想设计一个识别猫的智能机器，如果给机器一张猫的照片，预期的输出是"这是一只猫"；如果机器的实际输出是"这是一只狗"，这不是一个正确的答案，这就出现了梯度。梯度下降算法用于最小化梯度，使真实输出与预期输出相同。

梯度下降算法和岩石从山谷的斜坡上滚下有一个很好的类比。这也是我认为智能在稳定宇宙的过程中自然出现的原因之一，就像滚石一样自然。预期输出和实际输出之间的差异可以建模为一个函数，称为代价函数（有时称为损失函数或目标函数）。我们可以把这个代价函数看作山谷，神经网络的参数（权重和阈值）决定了岩石的位置。我们为球随机选择一个起点，然后模拟岩石滚下山坡时的运动。

梯度下降算法的工作方式是计算代价函数的梯度，由此可以找到山坡的"向下"方向，然后将岩石向下移动（即改变神经网络的参数）。梯度下降算法如图 7.5 所示。通过重复应用这个更新规则，我们可以将岩石"滚下山坡"，并希望找到成本函数的最小值。换句话说，这是一个可用于在神经网络中学习的规则，直到达到底部（即局部最小值）。

在实践中直接应用梯度下降算法有几个挑战。其中之一是训练输入数量非常大时速度慢。为了加快学习速度，可以使用"随机梯度下降"。这个想法是使用随机选择的训练输入的小样本，而不是所有样本[13]。

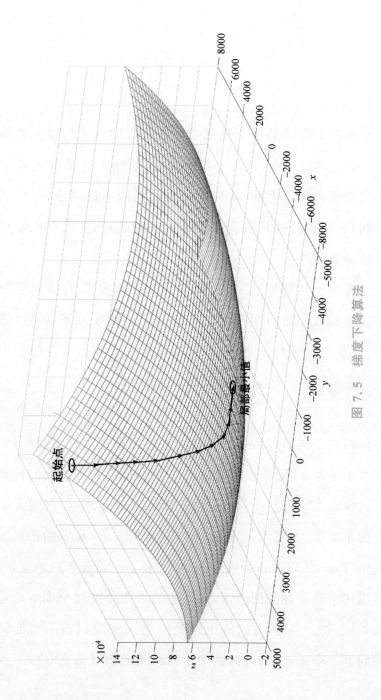

图 7.5 梯度下降算法

7.4.4 反向传播

梯度下降的另一个挑战是如何有效地计算代价函数的梯度。如果网络中有 100 万个权重,这意味着计算梯度需要计算代价函数 100 万次,需要 100 万次前向通过网络(每个训练示例)。反向传播算法避免了重复子表达式,从而有效地计算代价函数的梯度[14-15]。

在反向传播算法中,根据前一次运行获得的错误率对神经网络的权值进行微调。正确地采用这种方法可以降低错误率,每次前馈通过网络后,该算法根据权值和偏差进行后向传递,调整模型的参数,提高模型的可靠性。

具体地说,神经网络输出中的错误向后传播,以将适当的责任归咎于神经网络中的权重。通过逐渐修改权重,随着训练样本越来越多,输出误差可以最小化到接近于零。反向传播算法出现在 20 世纪 70 年代,但长时间内没有流行,直到大卫·鲁梅尔哈特、杰弗里·辛顿(Geoffrey Hinton)和罗纳德·威廉姆斯(Ronald Williams)在 1986 年发表了一篇著名的论文,该论文描述了几个神经网络,其中算法的工作速度比早期的学习方法要快[16]。因此,可以使用神经网络来解决以前不可能解决的问题。今天,反向传播算法是神经网络学习的主力军。

7.4.5　监督学习

根据算法的训练方式,机器学习大致可以分为监督学习、无监督学习和深度学习三类,如表 7.1 所示。

表 7.1　三种不同的机器学习对比

准　则	监督学习	无监督学习	深度学习
定义	在指导下使用标记数据学习	在没有任何指导下使用未标记的数据学习	通过和环境互动学习
数据类型	标记数据	未标记数据	无预定义的数据
问题类型	分类与回归	聚类与关联	利用与探索
监督	有监督	无监督	无监督
算法	线性回归、逻辑回归、SVM、KNN 等	K-Means、 C-Means、Apriori 等	Q-Learning、A3C 等
目标	得出结果	发现潜在模式	优化长期收益
应用	目标识别、预测等	推荐、异常检测等	游戏、自动驾驶汽车等

监督学习是指通过在标记数据集上训练模型来学习[15]。假设你是一名坐在教室里的学生,你的老师正在监督你。你的老师会给你一套训练题。在你做完这套训练题后,你的老师会告诉你你是否做对了。监督学习具有类似的过程,其为标

记的数据集提供解决方案,这将有助于模型的学习。图 7.6 展示了一个监督学习的例子。监督学习处理的问题有两类:分类问题和回归问题。在分类问题中,算法需要将输入数据(如水果)分类为特定组(如苹果、香蕉等)的成员。回归问题用于连续数据,例如预测股票市场的价格。价格历史被发送到机器进行训练,未来价格由算法预测。

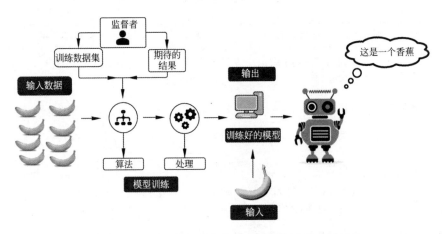

图 7.6 一个对水果进行分类的监督学习示例

7.4.6 无监督学习

与监督学习不同,无监督学习不需要标记数据。相反,它旨在找到数据中隐藏的关系和模式[16]。无监督学习是自组织学习。机器被提供数据并被要求寻找隐藏的特征,机器需要以一种有意义的方式对数据进行聚类。无监督学习的一个常见示例是聚类算法,它采用数据集并在其中查找组。例如,假设我们想将水果分成几组,但我们不知道定义这些组的最佳方法,聚类算法可以识别它们,如图 7.7 所示。

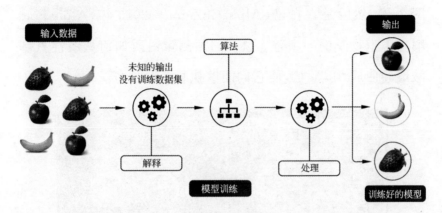

图 7.7　一个对水果进行聚类的无监督学习示例

7.4.7　深度学习

在机器学习技术中,深度学习已成为包括语音和图像识别在内的许多应用中最有前途的技术[17]。深度学习中的"深度"是指神经网络中层的深度。深度学习算法由三层以上的神经网络组成,包括输入和输出。神经网络构成了深度学习算法的支柱。

尽管对深度神经网络的研究已经持续了几十年,但近年来深度神经网络的重大公开成功推动了对人工智能的研究热潮。2011 年,IBM 的 Watson 赢得了与两个 Jeopardy 冠军的比赛。2016 年,AlphaGo(谷歌专攻围棋的人工智能)击败了欧洲冠军(范慧)和围棋世界冠军李世石(Lee Sedol)(见图 7.8),然后是它自己(AlphaGoZero)。2020 年,AlphaFold 解决了生物学的一项重大挑战:预测蛋白质如何从线性氨基酸链卷曲成 3D 形状,使它们能够执行生命任务。

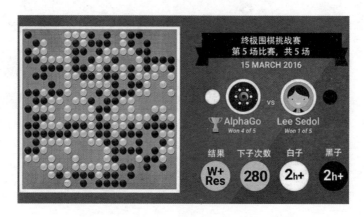

图 7.8　AlphaGo 击败围棋世界冠军李世石的棋局

一些成功的深度网络是那些结构模仿大脑部分的网络,这些部分是根据神经科学的发现建模的。

从 1958 年到 20 世纪 70 年代后期,神经科学家大卫·胡贝尔(David H. Hubel)和托斯滕·威塞尔(Torsten Wiesel)合作探索视觉皮层神经元的感受特性。他们在初级视觉皮层中发现了两种主要的细胞类型。第一种类型是简单的细胞,当放置在特定的 t 位置(创建方向调整曲线)时,会响应明暗条。第二种类型是复杂细胞，具有较不严格的响应曲线。他们得出结论，复杂细胞通过汇集来自多个简单细胞的输入来实现这种不变性[18]。

这两个特征（对特定特征的选择性和通过前馈连接增加空间不变性）构成了人工视觉系统的基础。他们的工作奠定了视觉神经科学的基础，并提供了对视觉系统中信息处理的基本见解。他们的工作为他们赢得了1981年的诺贝尔生理学或医学奖。

图 7.9 显示了从眼睛到大脑皮层的视觉输入路径和视觉层次结构。

沿着这条路径，单个单元的感受野大小随着在网络层中的进展而增长，就像我们从 V1 进展到 IT 一样。此外，这个层次结构中不同层的神经元充当"检测器"，对场景中越来越复杂的特征做出反应。第一层检测边缘和线条，然后是由这些边缘组成简单形状，再到更复杂的形状。

受胡贝尔和威塞尔发现的启发，日本工程师福岛于 20 世纪 70 年代开发了第一个名为"新认知"的深层神经网络，该网络在经过一些训练后成功识别手写数字。虽然新认知很难识别复杂的视觉内容，但它成为应用最广泛、影响最大的深层神经网络之一——卷积神经网络（Convolutional Neural Networks，CNN）的一个重要启示。

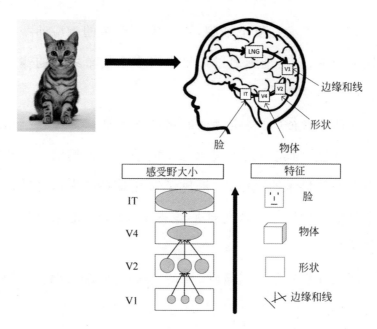

图 7.9　从眼睛到大脑皮层的视觉输入路径和视觉层次结构

　　注：LNG——lateral geniculate nucleus(外侧膝状体核)；V1——视区 1；

　　V2——视区 2；V4——视区 4；IT——下颞叶皮质。

7.4.8　卷积神经网络

卷积神经网络最早由彦·乐村(Yann LeCun)在 20 世纪 80 年代提出[19]。他训练了一个小型卷积神经网络来进行手写数字识别。1999 年，随着 MNIST 数据集的引入，卷积神经网络取得了进一步的进展。

尽管取得了这些成功，但由于培训被认为是困难的，这些方法在研究界逐渐消失。此外，许多工作都集中在手工设计图像中要检测的特征,这是基于对信息量最大的信念。在基于这些手工制作的特性进行过滤之后,学习只会在最后阶段进行,即将特性映射到对象类。

图 7.10 显示了一个 4 层卷积神经网络,用于识别动物照片。在图 7.10 中,卷积神经网络的每一层都有三个重叠的矩形。在现实的卷积神经网络中,有许多矩形。这些矩形代表激活图,类似于胡贝尔和威塞尔发现的大脑视觉系统。卷积神经网络通过监督学习进行端到端的训练,因此提供了一种以最适合任务的方式自动生成特征的方法。

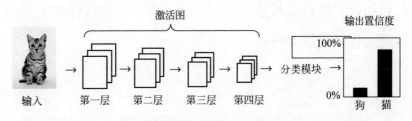

图 7.10 一个用于识别动物照片的 4 层卷积神经网络

7.5 行为主义

7.5.1 行为智能

行为主义是一种基于"感知—行动"的行为智能模拟方法。

131

控制论思想早在 20 世纪四五十年代就成为时代思潮的重要部分，影响了早期的人工智能工作者。维纳和麦克洛克等人提出的控制论和自组织系统及钱学森等人提出的工程控制论和生物控制论，影响了许多领域。控制论把神经系统的工作原理与信息理论、控制理论、逻辑及计算机联系起来。

早期的研究工作重点是模拟人在控制过程中的智能行为和作用，如对自寻优、自适应、自镇定、自组织和自学习等控制论系统的研究，并进行"控制论动物"的研制。到 20 世纪六七十年代，上述这些控制论系统的研究取得一定进展，播下智能控制和智能机器人的种子，并在 20 世纪 80 年代诞生了智能控制和智能机器人系统。

7.5.2　强化学习

强化学习（Reinforcement Learning，RL）又称再励学习、评价学习或增强学习，是机器学习的范式和方法论之一，用于描述和解决智能体在与环境的交互过程中通过学习策略以达成回报最大化或实现特定目标的问题[20]，如图 7.11 所示。

强化学习的灵感来源于心理学中的行为主义理论，即有机体如何在环境给予的奖励或惩罚的刺激下，逐步形成对刺激的预期，产生能获得最大利益的习惯性行为。强化学习强

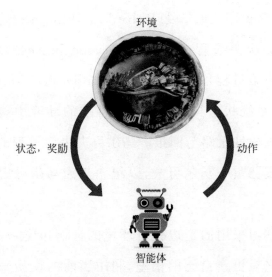

图 7.11   强化学习

调如何基于环境而行动,以取得最大化的预期利益。因此,强化学习可以被分类在行为主义的范畴。

强化学习最早可以追溯到巴甫洛夫的条件反射实验。在实验中,一个刺激和另一个带有奖赏或惩罚的无条件刺激多次联结,可使个体学会在单独呈现该刺激时,也能引发类似无条件反应的条件反应。

经典条件反射最著名的例子是巴甫洛夫的狗的唾液条件反射。在这个实验中,每次给狗送食物以前打开红灯、响起铃声。这样经过一段时间以后,铃声一响或红灯一亮,狗就开始分泌唾液。

强化学习从动物行为研究和优化控制两个领域独立发

展,最终经理查德·贝尔曼(Richard E. Bellman)之手将其抽象为马尔可夫决策过程(Markov Decision Process,MDP)[21]。马尔可夫决策过程是序贯决策(sequential decision)的数学模型,用于在系统状态具有马尔可夫性质的环境中模拟智能体可实现的随机性策略与回报。马尔可夫决策过程的得名于俄国数学家安德雷·马尔可夫,以纪念其为马尔可夫链所做的研究。

强化学习采用的是边获得环境的样例边学习的方式,在获得样例之后更新自己的模型,利用当前的模型来指导智能体下一步的行动,下一步的行动获得奖励之后再更新模型,不断迭代重复直到模型收敛。

在这个过程中,非常重要的一点在于"智能体在已有当前模型的情况下,怎样选择下一步的行动才对完善当前的模型最有利",这就涉及强化学习中的两个非常重要的概念:利用(exploitation)和探索(exploration)。利用是指选择已执行过的动作,从而对已知动作的模型进行完善;探索是指选择之前未执行过的动作,从而探索更多的可能性。

强化学习中最重要的三个特点是:

(1)学习基本是以一种智能体和环境闭环的形式;

(2)智能体不会直接指示选择哪种动作;

(3)一系列的动作和奖励会影响学习过程中较长的时间。

由于近些年来深度学习技术不断突破,强化学习和深度学习重新整合,强化学习有了进一步的运用。比如让计算机学着玩游戏,比如围棋、星际争霸等。强化学习也能让你的游戏程序从对当前环境完全陌生,成长为一个在环境中游刃有余的高手。

AlphaGo 成功地利用深度加强学习击败人类职业围棋选手,成为第一个战胜围棋世界冠军的人工智能机器人[22]。阿尔法围棋由谷歌(Google)旗下 DeepMind 公司的团队开发。其主要工作原理是"深度加强学习"。阿尔法围棋结合了数百万人类围棋专家的棋谱及强化学习进行了自我训练。

2016 年 3 月,阿尔法围棋与围棋世界冠军、职业九段棋手李世石进行围棋人机大战,以 4∶1 的总比分获胜;2016 年年末 2017 年年初,该程序在中国棋类网站上以"大师"(Master)为注册账号与中日韩数十位围棋高手进行快棋对决,连续 60 局无一败绩;2017 年 5 月,在中国乌镇围棋峰会上,它与排名世界第一的世界围棋冠军柯洁对战,以 3∶0 的总比分获胜。围棋界公认阿尔法围棋的棋力已经超过人类职业围棋顶尖水平,在 GoRatings 网站公布的世界职业围棋排名中,其等级分曾超过排名人类第一的棋手柯洁。

2017 年 5 月 27 日,在柯洁与阿尔法围棋的人机大战之后,阿尔法围棋团队宣布阿尔法围棋将不再参加围棋比赛。

2017 年 10 月 18 日，DeepMind 团队公布了最强版阿尔法围棋，代号 AlphaGoZero。AlphaGoZero 的能力则在这个基础上有了质的提升。最大的区别是，它不再需要人类数据。也就是说，它一开始就没有接触过人类棋谱。研发团队只是让它自由随意地在棋盘上下棋，然后进行自我博弈。

AlphaGoZero 使用新的强化学习方法，让自己变成了老师。系统一开始甚至并不知道什么是围棋，只是从单一神经网络开始，通过神经网络强大的搜索算法，进行了自我对弈。随着自我博弈的增加，神经网络逐渐调整，提升预测下一步的能力，最终赢得比赛。更为厉害的是，随着训练的深入，阿尔法围棋团队发现，AlphaGoZero 还独立发现了游戏规则，并走出了新策略，为围棋这项古老游戏带来了新的见解。

强化学习这个方法具有普适性，因此在其他许多领域都有研究，例如控制论、博弈论、运筹学、信息论、模拟优化方法、多主体系统学习、群体智能、统计学及遗传算法。

7.6　学派之争与统一

早在人工智能的概念提出之时，以上几大人工智能的派系斗争就已经开始了。符号主义者认为，智能机器应该模仿人类的逻辑思维方式来获取知识；在联结主义者的眼中，大数据和训练学习最为重要；行为主义者认为，人工智能应该通过智能体和环境的交互来实现特定目标。

历史上，人工智能的寒冬或多或少和几大派系的斗争有一些关系。用统一的理论来描述和研究人工智能一直是人们的梦想。

为了面对现实世界的人工智能需要解决的问题，智能体必须能够处理复杂性（Complexity）和不确定性（Uncertainty）问题。符号人工智能主要通过使用逻辑关系和抽象复杂世界来关注复杂性问题，而联结和行为人工智能主要通过使用概率表示关注不确定性问题。

然而，符号人工智能基于人类有限的知识，不能有效地发现细微的逻辑和未知的规律，通常太脆弱，无法处理许多应用程序中存在的不确定性和噪声。而联结和行为人工智能通常很难处理复杂的概念和关系。当神经网络结构过于简单时，存在欠拟合风险；当神经网络结构过于复杂时，会出现过拟合现象。训练联结和行为人工智能需要大量数据。联结和行为人工智能的黑箱性质造成不可解释性，使得关键业务（mission-critical）系统（如自动驾驶）不能依赖联结和行为人工智能。

为了处理大多数现实世界问题中存在的复杂性和不确定

性，我们需要融合符号、联结和行为人工智能。单独一个无法提供支持人工智能应用程序所需的功能。目前，符号人工智能的实现仍然比联结和行为人工智能广泛得多，因为现代计算的所有基本功能、数学函数、传统软件和应用程序都使用符号逻辑，即使高级功能也是统计驱动的。

未来，这几个学派需要完全融合，因为大多数人工智能应用同时需要符号人工智能的表现力及联结和行为主义人工智能的概率鲁棒性。不幸的是，符号人工智能与联结和行为主义人工智能之间的分歧非常深。如本章所述，符号人工智能可以追溯到该领域的最早时期，并且今天仍然高度可见。

7.7　通用人工智能

7.7.1　乐观的观点

人工智能成功地完成了一些人类所做的事情，甚至做得更好。随着人工智能的发展，人类智能与人工智能之间的差距似乎正在迅速缩小。

诸如此类的新闻和科幻电影让我们相信，通用人工智能（Artificial General Intelligence）或超级人工智能的发展在未来可能不会太远。具有通用人工智能的智能体能够理解或学习人类可以完成的任何智力任务。

许多专家对通用人工智能持乐观态度。最著名的预测之一来自著名的发明家和未来学家雷・库兹韦尔（Ray Kurzweil），他提出了人工智能奇点的想法。在不久的将来，当计算机具备自我改进和自主学习的能力时，将迅速达到并超越人类的智力水平。谷歌于 2012 年聘请他帮助实现这一愿景。

库兹韦尔的所有预测都基于许多科学技术领域的"指数级进步"思想，尤其是计算机。例如，根据摩尔定律，计算机芯片上的组件数量大约每 18 个月翻一番，导致组件越来越小（和便宜），计算速度和内存以指数速度增加。

7.7.2　悲观的观点

事实上，计算机比人类做得更好的消息似乎贯穿了计算机的历史。在 20 世纪 40 年代，计算机在计算超速弹壳的轨迹方面取代了人类，并成为超人[23]。这是计算机擅长的许多任务中的第一个。

在人工智能的历史上，许多从业者之前都过于乐观了。例如，1965 年，人工智能先驱赫伯特・A. 西蒙（Herbert A.

Simon)表示："机器将能够在 20 年内完成人类可以完成的任何工作。"1980 年，日本的第五代计算机有一个十年的时间表，其目标是"进行随意的谈话"。

然而，尽管人工智能的最新进展突显了人工智能执行任务的能力比人类更有效，但它们通常并不智能。对于单个功能（如围棋游戏），它们非常好，而做其他任何事情的能力都为零。因此，虽然人工智能应用程序在执行一项特定任务时可能与成年人一样有效，但在竞争任何其他任务时，它可能会输给小孩子。例如，虽然计算机视觉系统擅长理解视觉信息，但不能将这种能力应用于其他任务。相比之下，人类虽然有时不擅长执行特定功能，但可以执行比当今任何现有人工智能应用程序更广泛的功能。

深度学习的成功与其说是人工智能的新突破，不如说是得益于互联网的大量数据的可用性及计算机硬件的提升，尤其是图形处理单元（GPU）的进步。颜·乐村指出："一种已经存在 20～25 年的技术基本上没有改变，结果证明是最好的，这种情况很少见。人们接受它的速度简直令人惊叹。我以前从未见过这样的事情。"

训练数据对深度学习有重大影响。原则上，给定无限数据，深度学习系统足够强大，可以表示任何给定输入集和相应输出集之间的任何有限确定性"映射"。

旨在产生类似人类的语言、最复杂的深度学习模型之一，被称为 GPT-3，或第三代 Generative Pre-trained Transformer。这是一种神经网络机器学习模型，使用互联网数据训练生成任何类型的文本。GPT-3 的深度学习神经网络拥有超过1750 亿的机器学习参数，需要的能量相当于 126 个丹麦家庭每年消耗的能量，产生的碳足迹相当于单次训练时开车行驶700 000km。

相比之下，人脑的工作功率为 20W，这足以覆盖整个人思维能力。人工智能需要惊人的能量才能从数百万张图片中识别出一张猫的图片。要解决问题，它需要整个数据中心保持低温。如果想用人工智能来复制人类大脑所能做的一切，将需要大量的核电站来提供必要的能量。

人工智能研究员、纽约大学心理学系教授加里·马库斯（Gary Marcus）对通用人工智能持悲观态度，因为深度学习技术锁定了表示因果关系（如疾病与其症状之间）的方式，并且可能在获取上面临挑战抽象的概念。它们没有执行逻辑推理的明显方法，而且它们离整合抽象知识还有很长的路要走，例如关于什么是对象、它们的用途及它们通常如何使用信息[24]。他认为"一般人类级别的人工智能几乎没有进步"。

我们离创造通用人工智能还有多远？"估计一下，加倍，三倍，四倍。"这是艾伦人工智能研究所所长奥伦·埃齐奥尼

(Oren Etzioni)的评论。特斯拉人工智能高级主管安德烈·卡帕蒂(Andrej Karpathy)提到"我们真的,真的很远"。许多其他研究人员都持有这种悲观的观点,包括《人工智能:思考人类的指南》一书的作者梅兰妮·米切尔(Melanie Mitchell)。

7.8 智能的本质和智能科学

不管是为了解决人工智能几大派系的斗争,还是为了通用人工智能,人们一直试图弄清楚智能的本质是什么。我们不仅需要构建人工智能系统来进行视觉和自然语言理解,还需要了解智能的本质。

目前人工智能的工作主要集中在设计新产品、新系统和新想法。这主要是工程领域的工作,缺少对智能本质和智能科学的探索。所以说,目前人工智能首先是技术,而不是科学。人工智能研究人员需要做的是构建、设计强大的智能系统。如果系统运行良好,我们再去尝试探究系统运行良好的原因,这才是科学。

科学家所要做的是提出描述世界的新概念,然后使用科学方法研究解释系统的原理,这也是人工智能的两方面。研究人工智能,既是一个技术问题,又是一个科学问题。

　　以蒸汽机为例，新发明会推动理论研究。在发明蒸汽机百余年后，热力学诞生了，而热力学本质上是所有科学或自然科学的基础。

　　另外一个例子是飞机的发明。19 世纪后期，法国航空业的先驱克莱门特·阿代尔（Clément Ader）制造的飞机实际上在 19 世纪 90 年代就可以靠自身的动力起飞，比莱特兄弟早了 30 年。但是他的飞机形状像一只鸟，缺乏可控性。所以飞机起飞后，飞行了 15 米就坠毁了。究其原因，是他只考虑到了仿生但没有真正理解其中的原理。图 7.12 为 19 世纪后期法国航空业的先驱阿代尔设计的像鸟一样的飞机 Avion Ⅲ。

图 7.12　飞机 Avion Ⅲ

注：这个飞机在法国巴黎艺术与工艺博物馆展览。这个设计由于缺乏空气动力学的理论支撑，终究没有走远。

阿代尔的飞机充满了想象力,在引擎设计方面他是个天才,不过由于缺乏空气动力学的理论支撑,他的设计终究没有走远。所以对于试图从生物学中获得启发的人来说,这是一个有趣的教训,我们还需要了解基本原理是什么。生物学中有很多细节是无关紧要的。

1903年的莱特兄弟,以及更早期的克莱门特,他们发明了飞机。三十多年后,西奥多·冯·卡门(Theodore von Kármán)发现了空气动力学理论。在这个例子中,飞机的发明与空气动力学至少是同等重要的。

所以对于人工智能来说,例如深度学习效果很好,它是一项发明,一种贡献,是一个非常强大的人工智能系统,当然,我们需要探究深度学习为何如此有效,也就是智能的本质和智能科学。

参考文献

[1] Wiener N. Cybernetics: or control and communication in the animal and the machine[M]. Cambridge: MIT Press,1948.

[2] McCulloch W S, Pitts W S. A logical calculus of the ideas immanent in nervous activity[J]. The Bulletin of Mathematical Biophysics,1943,5(4): 113-115.

[3] Turing A M. Computing machinery and intelligence[J]. Mind, 1950,59(236): 433-460.

[4] Minsky M,Papert S. Perceptrons: an introduction to computational geometry[M]. Cambridge: MIT Press,1969.

[5] McCarthy J. History of lisp[J]. Acm Sigplan Notices, 1978, 13(8): 217-223.

[6] 武波,马玉祥. 专家系统[M]. 北京: 北京理工大学出版社,2001.

[7] Weber B. Computer defeats Kasparov, stunning the chess experts[J]. The New York Times,1997,5(5): 97-101.

[8] Rosenblatt F. The perceptron—a perceiving and recognizing automaton[M]. Cornell Aeronautical Laboratory,1957.

[9] Hopfield J J. Neural networks and physical systems with emergent collective computational abilities[J]. Proceedings of the National Academy of Sciences of the United States of America,1982,79(8): 2554-2558.

[10] Hopfield J J. Neurons with graded response have collective computational properties like those of two-state neurons[J]. Proceedings of the National Academy of Sciences, 1984, 81(10): 3088-3092.

[11] Lemaréchal C. Cauchy and the gradient method[J]. Doc Math Extra,2012,251-254.

[12] Haskell B C. The method of steepest descent for nonlinear minimization problems[J]. Quart. appl. math, 1994, 2(3): 258-261.

[13] Bottou L. Online algorithms and stochastic approximations[M]. Cambridge: Cambridge University Press,1998.

[14] Rumelhart D E, Hinton G E, Williams R J. Learning representations by back-propagating errors[J]. Nature,1986, 323(6088): 533-536.

[15] Norvig P. Artificial intelligence: a modern approach, 3rd

edition[M]. 北京：人民邮电出版社,2010.

[16] Hinton G,Sejnowski T. Unsupervised learning：foundations of neural computation[M]. Cambridge：MIT Press,1999.

[17] Bengio Y, LeCun Y, Hinton G. Deep learning[J]. Nature, 2015,521 (7553)：436-444.

[18] Hubel D H,Wiesel T N. Receptive fields,binocular interaction and functional architecture in the cat's visual cortex[J]. The Journal of Physiology,1962,160 (45)：106-154.

[19] LeCun Y,Boser B,Denker J S,et al. Backpropagation applied to handwritten zip code recognition[J]. AT&T Bell Laboratories, 1989,1(4)：541-551.

[20] Sutton R S,Barto A G. Reinforcement learning：an introduction (2nd ed)[M]. Cambridge：MIT Press,2018.

[21] Dreyfus S. Richard Bellman on the birth of dynamic programming[J]. Operations Research,2002,50(1)：48-51.

[22] D Silver,Huang A,Maddison C J,et al. Mastering the game of Go with deep neural networks and tree search[J]. Nature, 2016,529 (7587)：484-489.

[23] Campbell-Kelly M. Computer：a history of the information machine[M]. New York：Routledge,2018.

[24] Marcus G. Deep learning：a critical appraisal[J]. arXiv：1801. 00631,2018.

质量、能源、信息和智能

科学在每次葬礼上前进。

——马克斯·普朗克(Max Planck)

人工智能的未来取决于对我所说的一切深表怀疑的人。

——杰弗里·辛顿(Geoffrey Hinton),深度学习之父

从人工智能的各个学派之争到关于通用人工智能不同观点我们可以看到,目前还缺少对人工智能,或者智能本身的科学的认识。

目前的人工智能大部分工作都停留在一个学术探索、试错、积累的状态,还没有形成一个完备的体系;甚至还没有归纳出严格的形式规范、理论基础和评估方法。由于缺乏统一

的理论,目前的人工智能就像现代化学学科出现之前的炼丹术,空气动力学出现之前的仿鸟飞行。

本章回顾人类科技历史中涉及的几个重要因素:质量、能源、信息和智能。从这个角度来看,我们的科技历史可能会给我们一些认识智能的未来方向的提示。此外,本章讨论了对智能的数学建模以推动人工智能从工程走向科学。

8.1 技术发明促进宇宙稳定

在认知革命之后,人类获得了发明技术的能力,以比以往任何时候都更有效地为稳定宇宙这一过程做出贡献。

同时,这些技术极大地帮助了人类的合作。合作是人类社会的核心,从日常生活的邻里互助到成千上万人共同合作的大工程。人类是一种社会物种,依靠合作才能生存和繁荣。与其他物种相比,人类是唯一可以大规模灵活合作的物种[1]。

这些合作,从本质上说,形成了有序的特殊社会经济结构,使得物质、能量、信息和智能迅速流动,从而促进宇宙稳定。

具体来说,为了加强人类在社会经济系统中的合作,我们发明了一系列的技术,使物质(交通网)、能源(能源网)和信息(因特网)联成四通八达的网络。这些技术有效地缓解了物质、能源和信息的不平衡,从而稳定了宇宙。

回顾科技历史,我们可以得到一些关于人工智能相关技术未来方向的提示。图 8.1 展示了这个技术演化过程。

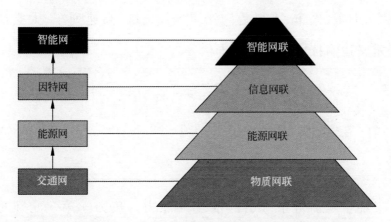

图 8.1　人工智能相关技术的演化过程

8.2　物质网联——交通网

所有生物,包括人类,都需要物质和能量才能生存。

从本质上讲,运输的主要目的是将物质从一个位置移动到另一个位置,这就是物质网联。毫无疑问,交通在人类的合作中发挥了至关重要的作用,包括生存、社会活动、贸易、战争等。

轮轴组合发明于公元前 4500 年左右,通常被认为是有史以来非常重要的发明,因为它对交通和人类的合作产生了根本性的影响。

17 世纪和 18 世纪发明了许多新的运输技术,如自行车、汽车、卡车、火车、飞机等。20 世纪,飞机、高速列车、太空船是定义运输技术的一些例子。

8.3　能源网联——能源网

能量是衡量系统引起变化的能力。热力学第一定律指出,能量不能被创造或消失。但是,它可以从一个位置转移到另一个位置,也可以从一种形式转换成另一种形式。能量有两大类,动能(运动物体的能量)和势能(储存的能量)。动能表示为

$$E = \frac{1}{2}mv^2 = \frac{1}{2}m\left(\frac{d}{t}\right)^2$$

其中,m 是物体的质量,v 是速度,d 是距离,t 是时间。

除了物质网联技术,另一个重大创新是能源网联技术,这

不仅是人类生存的基础，也是人类繁荣的基础。

电力电网是由输电线路、变电站、变压器等组成的网络，可以将电能从发电厂输送到家庭和企业。现在，只需接入电网，我们就可以轻松获取能源，在夜间点亮灯、为计算机供电、为手机充电和为我们的房屋降温。

8.4　信息网联——因特网

继交通网和能源网之后，因特网使人类的合作迈上了一个新的台阶，预计到 2023 年，将连接 53 亿用户和 293 亿台设备。因特网的主要目的是将信息从一个位置传到另一个位置，它是使用 Internet 协议套件 TCP/IP 使人和机器互联的计算机网络的全球系统。通过实现信息联网，因特网已成为我们社会经济系统的主要基础之一。

信息和能量之间有着密切的联系。这种联系可以用麦克斯韦的"妖"[2]来解释，这是物理学家詹姆斯·克拉克·麦克斯韦（James Clerk Maxwell）在 1867 设计的思想实验。在这个思想实验中，"妖"能够将信息（即位置和每个粒子的速度）转化为能量，导致系统熵的减少。

图 8.2 描述了这个实验。该实验涉及一个孤立的系统。

装置由一个包含任意气体的简单长方体组成。长方体被分成两个大小相等且温度均匀的区域。在粒子分裂的边界上住着"妖",它"小心翼翼"地过滤随机散落的粒子,使所有具有较高动能的粒子最终聚集在一个区域,而其余动能较低的粒子则在另一个区域四处游荡,如图8.2所示。

图 8.2　麦克斯韦"妖"实验

根据热力学第二定律,孤立系统的熵趋于增大。但是这个麦克斯韦的"妖"使得系统的熵趋于减少。所以这个思想实验激发了热力学与信息论之间关系的理论工作。

对麦克斯韦"妖"的"围剿"要等到香农信息论的出现,得到或者擦除信息都同样需要能量。也就是说,麦克斯韦"妖"要想得到分子速度的信息必须消耗能量,这样就增加了熵,而且熵的增量比麦克斯韦"妖"为了平衡熵而失去的量还多。

最终麦克斯韦"妖"被消灭了,热力学第二定律的地位得到了捍卫。

香农努力寻找一种量化信息的方法，这使他得到了与热力学中形式相同的熵公式。热力学熵测量能量的扩散：在特定温度下，在一个过程中扩散了多少能量，或者扩散得有多广。

$$dS = \frac{\delta Q}{T}$$

其中，dS 是熵的变化，δQ 是传递的能量，T 是温度。

统计热力学中的熵由路德维希·玻尔兹曼（Ludwig Boltzmann）在 19 世纪 70 年代通过分析系统微观组件的统计行为提出[3]。玻尔兹曼指出，熵的这个定义等价于一个常数因子内的热力学熵——玻尔兹曼常数。总之，熵的热力学定义提供了熵的实验定义，而熵的统计定义扩展了熵的概念，提供了对其本质的解释和更深入的理解。统计热力学中的熵可以解释成是不确定性、无序的度量。

具体来说，有

$$S = -k_B \sum_i p_i \log p_i$$

其中，p_i 是系统处于第 i 个状态的概率，通常由玻尔兹曼分布给出；k_B 是玻尔兹曼常数。

热力学熵和香农熵在概念上是等价的，由热力学熵计算的排列数量反映了实现任何特定物质和能量排列所需的香农信息量。热力学熵和香农熵之间的唯一显著区别在于度量单位,前者表示为能量除以温度的单位,后者表示为基本上无量纲的信息位。

8.5 获取智能

通过运输网、能源网和因特网,我们已经能够比较方便地获得物质、能源和信息。将来我们能否方便地获得智能,就像获得物质、能源和信息一样简单? 显然,目前还不能完全实现这样的梦想。

8.5.1 智能网联的挑战

当前的人工智能算法涉及的数据量很大,数据的可信度非常重要。人工智能算法需要更好的资源来探索训练模型的数据,以更有效地解决问题。然而,通过当前的互联网,对高精度和隐私意识的数据或智能的共享是困难的。

因此,大多数现有的人工智能工作都专注于训练单个智能体。该智能体严重依赖具有本地环境的大量预定义数据集。然而,在实践中,许多有趣的系统要么太复杂,无法在固定的、预定义的环境中正确建模,要么动态变化[4-5]。此外,虽然这种方法可以从一些动物学习[6]的研究中得到验证，但动物学习与人类学习相去甚远。人类学习需要的数据集少得多，并且在适应新环境时更加灵活。

人类学习的根本特征是什么？根据"大历史项目"[7]，"集体学习"算作人类的一个根本特征。通过集体学习，人类可以保存智慧，相互分享，并将其传递给下一代。换句话说，集体学习是一种高效共享智慧的能力，个人的想法可以存储在社区的集体记忆中，并且可以代代相传。

事实上，人类是唯一能够以如此高的效率分享智慧的物种，以至于文化变化开始淹没遗传变化。集体学习是人类的一个根本特征，因为它解释了人类惊人的发明创造能力和人类在生物圈中的主宰地位。

8.5.2　智能网联

我们设想下一个网联范式可能是智能网联，这将使智能很容易获得，如同获得物质、能源和信息一样容易。请注意，智能不等同于信息。智能是对信息的更高级别的抽象。

信息网络时代，互联网成功的"细腰"沙漏架构，以通用网络层（IP）为中心，这个中心层实现了全球信息联网的基本功能。这样上下层技术都可以独立演进，这种"细腰"沙漏架构成功实现了信息网络的爆发式增长。图 8.3 显示了这个细腰的沙漏架构。

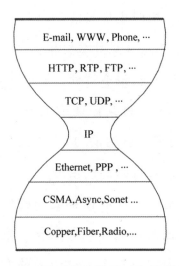

图 8.3   互联网成功的"细腰"沙漏架构

同样,我们为智能网联设想了一个"细腰"沙漏架构,这需要进一步研究。智能发现是另一个挑战。由于智能身份分布在智能网联范式中的不同地理位置,因此有效的智能发现机制对于识别和定位智能至关重要。以信息为中心的网络(ICN)[8]的发布订阅机制可以提供智能发现的好处。

安全和隐私是智能网联中的重要问题。虽然这些问题存在现有的网联范式中,但它们在智能网联中更为重要,因为动作通常涉及智能。不正确的行为可能比不正确的信息造成更大的损害。区块链技术可以用来解决这些问题。

8.5.3   用区块链保护安全和隐私

区块链是从比特币[9]和其他加密货币演变而来的分布式账本技术。自古以来,分类账一直是经济活动的核心——记录资产、付款、合同或买卖交易。它们已经从记录在泥板上转移到纸莎草纸、牛皮纸等纸上。尽管计算机和互联网的发明为记录保存过程提供了极大的便利,但基本原理并没有改变——分类账通常是集中式的。最近,随着加密货币(如比特币)的快速发展,底层的分布式账本技术引起了极大的关注[10]。

分布式账本本质上是分布在多个节点网络中的复制、共享和同步数据的共识。分布式账本没有中央管理员或集中式数据存储,使用共识算法,对账本的任何更改都会反映在副本中。分布式账本的安全性和准确性根据网络商定的规则以加密方式维护。分布式账本设计的一种形式是区块链,它是比特币的核心。区块链是一个不断增长的记录列表,称为块,使用密码学链接和保护,如图 8.4 所示。

区块链系统通常分为三类:公共区块链、联盟区块链和私有区块链。公共区块链是无须许可的区块链,而联盟区块链和私有区块链是获得许可的区块链。在公共区块链中,任

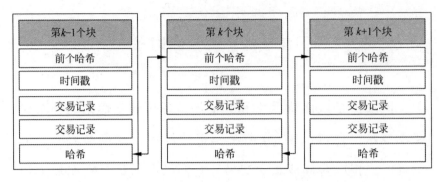

图 8.4　一个由不断增长的记录列表组成的区块链

何人都可以加入网络,参与在共识过程中,读取和发送交易,并维护共享账本。大多数加密货币和一些开源区块链平台是无须许可的区块链系统。比特币[10]和以太坊[11]是两个具有代表性的公众区块链系统。比特币是中本聪于 2008 年创造的最著名的加密货币。以太坊是另一个具有代表性的公共区块链,支持广泛地使用智能合约的去中心化应用程序语言。

一个基本的区块链架构由六个主要层组成,包括数据层、网络层、共识层、激励层、合约层和应用层[12]。每层的架构组件如图 8.5 所示。

区块链架构的最底层是数据层,它封装了带时间戳的数据块。每个区块包含一小部分交易,并且"链接"回它的前一个块,产生一个有序的块列表。

网络层由分布式组网机制、通信机制和数据验证机制组成。这一层的目标是分发、转发并验证区块链交易。区块链

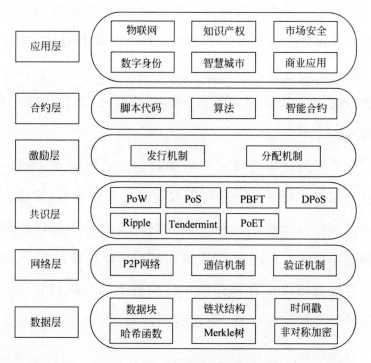

图 8.5 一个通用的区块链架构

网络的拓扑结构一般是 P2P 网络,其中对等方是具有同等特权的参与者。

共识层由各种共识算法组成。如何在去中心化环境中达成不可信节点之间的共识是个非常重要的问题。在区块链网络中,没有可信的中央节点。因此,需要用一些协议确保所有去中心化节点在出块前达成共识被纳入区块链。比较流行的共识机制包括工作量证明(PoW)、股权证明(PoS)、PBFT 和委托权益证明(DPoS)。

激励层是区块链网络的主要驱动力,通过整合将经济激励的发行和分配机制等经济因素引入区块链网络,以激励节点贡献自己的力量去验证数据。具体来说,一旦产生一个新区块,根据它们的贡献来发放一些经济激励(如数字货币)作为奖励。

合约层为区块链带来了可编程性。各种脚本、算法、智能合约用于实现更复杂的可编程交易。具体来说,智能合约是一组安全存储在区块链上的规则。智能合约可以控制用户的数字资产,表达业务逻辑,并制定参与者的权利和义务。智能合约可被看作存储在区块链上的自执行程序。就像区块链上的交易一样,智能合约的输入、输出和状态由每个节点验证。

应用层是区块链架构的最高层,指业务应用,如物联网、知识产权、市场安全、数字身份等[13]。这些应用程序可以提供新的服务、业务管理和优化。尽管区块链技术仍在起步阶段,学术界和工业界正试图将有前途的技术应用到许多领域。

区块链具有成为经济和社会系统新基础的巨大潜力。区块链技术已经被广泛应用于各种领域,包括智慧城市、智慧医疗、智能电网、智能交通、供应链管理等。

图 8.6 显示了区块链的优良特性可以实现智能网联,包括数据和智能共享、安全和隐私、分布式智能、集体学习和决

策信任问题。利用区块链的这些优良特性，可以实现智能网联的可信、安全、隐私等性能。

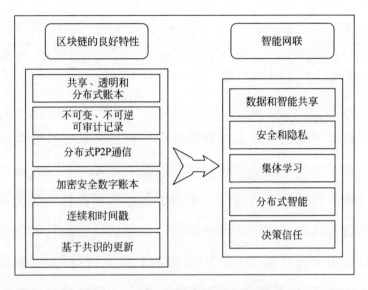

图 8.6　区块链的优良特性与智能网联

共享智能的可信度在智能网联中扮演着重要的角色。区块链技术可用于解决智能共享管理效率低下的问题，这是智能网联的关键瓶颈。由于信任和隐私问题，大多数用户都关心与他人共享他们的数据和智能。嵌入区块链的激励机制鼓励分布式各方共享智能。具体来说，区块链上的每一笔交易都基于单向加密哈希函数被验证并存储在分布式账本中。这些曾经执行过的交易在分布式各方达成共识后是不可否认和不可逆转的。

8.6　基于智能网联的自动驾驶

8.6.1　自动驾驶

自动驾驶无疑是人工智能改变我们生活的一个令人兴奋的话题。网联自动驾驶车使用先进技术来感知环境并在无须人工输入的情况下运行。人工智能技术的准确性和效率对于网联自动驾驶车的进步至关重要。现代网联自动驾驶车通常有一百多个传感器（如雷达、摄像头和激光雷达等）。预计在不久的将来，传感器的数量将增加很多。尽管网联自动驾驶车可以通过这些传感器获取大量信息，但仍然很难设计出一款值得信赖的、具有成本效益的自动驾驶车，使其能够适应不同的环境。

为了解决这些问题，现有的方法一般有两种，单车智能和集中学习。在单车智能方法中，传感器数据收集、模型学习、训练及决策在单车本地发生。由于其简单，单车智能方法在实验和测试中受到研究人员的欢迎。但是，这种方法存在车载传感器有限、驾驶环境有限、计算能力有限等缺陷。

在集中式学习方法中，模型学习和训练发生在云端。包括特斯拉在内的多家制造商都采用了这种方法。自动驾驶车使用机载传感器收集数据并将其上传到云端。机器学习在云端进行,全局模型集中统一更新。在自动驾驶过程中,自动驾驶车根据来自其传感器的实时数据和从云端下载的全局模型做出决策。自动驾驶车的空中下载功能用于传感器数据上传和模型下载。尽管这种方法在制造商中非常流行,但也存在一些担忧:巨大的数据传输挑战了当前的网络。一辆自动驾驶车每天可以生成几百太字节(TB)的数据。所有自动驾驶车的数据存储是另一个挑战。此外,用户还关心与自动驾驶车数据相关的隐私和安全问题。

8.6.2   自动驾驶的挑战

虽然理想很丰满,但现实还是非常残酷的,关于自动驾驶曾出现过各类事故。

Waymo 的 CEO 也曾泼了一盆水。Waymo 是谷歌自动驾驶的子公司,在自动驾驶领域是有发言权的。从 2009 年开始,Waymo 的这位 CEO 的车在真实道路上一共跑了超过 2000 万英里和虚拟环境下跑了 20 亿英里。但是,Waymo 的 CEO 说,这些都是在规定的路线,在有限的环境下跑的,他说自动驾驶几十年之内都不可能大规模地出现在真实道路上。

问题在哪儿？他评论，"Technology is really really hard"（技术上太困难了）。

埃隆·马斯克(Elon Musk)在 2021 年 7 月也有过很著名的评论。人们都在问他，你早先就说全自动驾驶就能很快实现，到底什么时候能实现？然后他把这个"球"推到学术界和产业界的工程师和科学家面前，他说："这不是我的问题，不是我做不出来，是科学界没有解决自动驾驶人工智能数学科学的问题。"他把"责任"推脱到了学者身上。

所以我一直在思索到底是什么问题？众说纷纭。大家谈得比较多的是"长尾问题"。这个说法来自统计学，描述的是概率分布像一个长长的尾巴。非常不可能的事件的概率很小，但是会发生，也就是说概率不会为零。目前大多数人工智能都会遇到这个问题，因为在训练的过程中不可能有数据把所有的情况都训练过。

那么，为什么人能够处理这些不确定性的问题呢？因为人能够抽象，有智能。所以从这个角度来说，信息与智能是有很大差别的。什么样的差别？自动驾驶的车一天能产生大量的数据，各种各样的传感器，比如相机、GPS、雷达等，都在生产大量数据。但对自动驾驶而言，这些信息不能等同于智能。在这里将智能定义为"开车这件事情"，如转向、减速、加速等。

8.6.3 智能网联使能自动驾驶

　　基于智能网联，一种新的方法可以用于自动驾驶。图 8.7 显示了这个新框架。与传统方法相比，这种新方法的主要特点是车辆作为智能体，可以从数据中学习、保存智能并与其他车辆共享智能[14]。在这个场景中，智能是指如何在不同的环境中驾驶车辆。为了实现智能网联，在这个框架中使用了区块链。

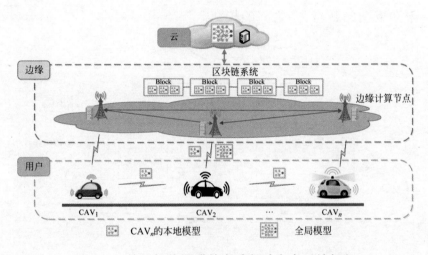

图 8.7　基于智能网联的自动驾驶汽车系统框架

8.7　基于智能网联的集体强化学习

在传统的强化学习算法中,智能体可以通过自己的经验在以前未知的环境中优化性能度量。在图 8.8 中,智能体 1 与由马尔可夫决策过程建模的本地环境 1 交互。同样,其他智能体与其本地环境交互。为此,智能体需要管理"利用"(智能体通过已知成功的行为最大化奖励)和"探索"(智能体尝试未知成功的新行为)之间的权衡。

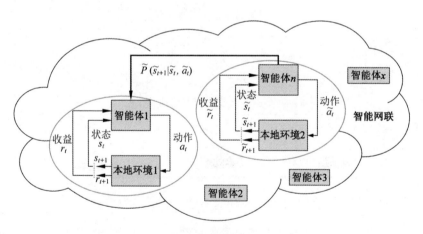

图 8.8　基于智能网联的集体强化学习

"利用"和"探索"的困境是选择智能体已知的东西和获得接近它所期望的东西,还是选择智能体不知道的东西和可能学习更多的东西？用更常见的术语来说，假设需要选择一家餐厅享用晚餐，如果选择以前去过的最喜欢的餐厅，你就在利用你原来的已知成功的经历；如果选择一家从没去过的新餐厅，则就在使用探索的方法。

"利用"和"探索"都是在本地环境中进行的，没有其他智能体的帮助。因此，需要具有本地环境（如强化学习文献中的状态、动作、奖励和转移概率）的大量预定义数据集进行训练。此外，即使经过大量数据集的训练，经过训练的智能体也很难适应新环境。在餐厅示例中，如果使用传统的机器学习算法，则需要尝试附近的所有餐厅以找到最好的餐厅。

基于智能网联，我们可以用一种新的集体强化学习（Collective Reinforcement Learning，CRL）方法[14]。与传统的强化学习不同，集体强化学习智能体不仅可以从自身在本地环境中的经验中学习，还可以保存智能并与他人共享。在集体强化学习中，我们引入了"扩展"（Extension），它用于使智能体能够主动与其他智能体协作。同样，在餐厅示例中，我们可以解释此扩展背后的基本思想。与其尝试附近的所有餐馆来寻找最好的餐馆，不如通过咨询其他人的经验或意见来做到这一点。图 8.8 显示了这个概念的框架。令 α 和 β 分别为探索和扩展权衡系数，令 $L(\pi)$ 是策略 π 的性能度量，$P(s_t, a_t)$ 是在时间 t 转换的概率，给定状态 s_t 和动作 a_t。新

的优化问题为

$$\max_{\pi} \underbrace{L(\pi)}_{\text{Exploitation}} + \alpha \underbrace{\mathbb{E}_{s_t, a_t \sim \pi} \{D_{\text{K-L}}(P \parallel P_{\theta_t})[s_t, a_t]\}}_{\text{Exploration}} +$$

$$\beta \underbrace{\mathbb{E}_{s_t, a_t \sim \pi} \{D_{\text{K-L}}(P \parallel \widetilde{P})[s_t, a_t]\}}_{\text{Extension}}$$

其中,探索激励是 P 与 P_{θ_t} 的平均 K-L 散度,这是智能体目前正在学习的模型;扩展激励是 P 与 $\widetilde{P}$ 的平均 K-L 散度,这是来自另一个其他智能体的模型。

8.8　对智能的数学建模

在每个网联范式中,对范式中联网的"事物"进行建模是至关重要的。例如,对信息建模和对能量建模分别在互联网和能源网中发挥着根本作用。特别地,在香农的信息论中,使用"熵"来量化信息对互联网的成功至关重要。

同样,如何量化智能不仅仅是智能网联成功与否的关键,对人工智能的发展也是至关重要的。图灵测试是第一个严肃的提案,旨在测试机器表现出与人类相同或无法区分的智能行为的能力。但是,图灵测试中没有用数学量化智能。

从网联范式演化的历史中,我们可以观察到更高级别的网联范式提供了更高的层次抽象。

当人们很方便地得到有质量的东西后，大家会关心拿到有质量的东西的速度有多快。所以，能量的概念被提出。能量被量化为物质移动的速度有多快。

当人们很方便地得到能量后，大家会关心能量扩散的量有多少。所以，热力学熵的概念被提出。熵是一个能够能定量测量能量扩散程度的抽象概念。熵表示在一个能量扩散的过程中，在某个特定温度下，扩散了多少能量。另外，前面讲过，信息熵和热力学熵等价。所以，信息也可以说是对能量扩散的量有多少的量化。

同样，智能可以定义为一种"前后"过程的尺度标准——在一个学习过程中，衡量随着时间的推移传播了多少信息，或在学习发生后与它以前的状态相比信息传播范围有多广。和热力学熵相似，智能不是一个绝对量，只是一个相对量，描述的是变化多少。具体来说，智能可以用下面的公式来定量表示

$$\mathrm{d}L = \frac{\partial S}{\partial R}$$

其中，$\mathrm{d}L$ 是智能的变化，S 是当前的秩序（order）和预期的秩序的相似度，R 是一般意义的参数（如时间、数据量等）。因为智能的变化与多个参数有关，所以在数学上的表示是一个多元函数。当我们考虑多元函数关于其中一个自变量的变化率

时，一般用偏导∂来表示。

举个例子来说，一个智能机器的学习内容是识别大象的照片，如果给机器一张大象的照片，预期的秩序是"这是一只大象"；如果机器的当前秩序是"这是一只猫"，则这不是一个想要得到的正确答案，这就出现了梯度。随着学习过程的推进，当前的秩序和预期的秩序的相似度越来越大，梯度减少。如果智能机器 A 用了 100 张图片的数据量就把相似度提高到很高，而智能机器 B 用了 10 000 张图片的数据量才把相似度提高到相同的水平，说明 A 比 B 的智能变化量大（从数据量角度）。类似地，如果智能机器 A 用了 1 小时就把相似度提高到很高，而智能机器 B 用了 100 小时才把相似度提高到相同的水平，说明 A 比 B 的智能变化量大（从时间角度）。

用这种方式对智能进行数学建模，应该可以把各个人工智能的学派统一起来。

参考文献

[1] Harari Y N. Sapiens：A brief history of humankind[M]. Londres：Harvill Secker，2014.

[2] Maruyama K，Nori F，Vedral V. Colloquium：The physics of maxwell's demon and information[J]. Review of Modern

Physics,2009,81(1): 1-23.

[3] Johnson E. Anxiety and the equation: understanding boltzmann's entropy[M]. Cambridge: MIT Press,2018.

[4] Haenlein M,Kaplan A. A brief history of artificial intelligence: On the past, present, and future of artificial intelligence[J]. California Management Review,2019,61(4): 5-14.

[5] Jordan M I,Mitchell T M. Machine learning: Trends,perspectives, and prospects[J]. Science,2015,349(6245): 255-260.

[6] Dulac-Arnold G,Mankowitz D,Hester T. Challenges of real world reinforcement learning[J]. arXiv: 1904. 12901,2019.

[7] Christian D. The big history project[DB/OL]. https://www. bighistoryproject. com.

[8] Fang C,Yao H,Wang Z,et al. A survey of mobile information-centric networking: Research issues and challenges[J]. IEEE Communications Surveys & Tutorials,2018,20(3): 2353-2371.

[9] Nakamoto S. A peer-to-peer electronic cash system[J/OL]. 2018,https://bitcoin. org/bitcoin. pdf.

[10] Beck R. Beyond Bitcoin: The rise of blockchain world[J]. Computer,2018,51(2): 54-58.

[11] Buterin V. Ethereum[DB/OL]. https://ethereum. org/en/.

[12] Yu F R. Blockchain technology and applications-from theory to practice[M]. Kindle Direct Publishing,2019.

[13] 魏翼飞,李晓东,Fei Richard Yu. 区块链原理、架构与应用(新经济书库)[M]. 北京: 清华大学出版社,2019.

[14] Yu F R. From information networking to intelligence networking: Motivations, scenarios, and challenges[J]. IEEE Network, 2021,PP(99): 1-8.

第9章

元宇宙与现实世界

　　人类的面前有两条路，一条向外，通往星辰大海；一条对
内，通往虚拟现实。

——刘慈欣

　　元宇宙（Metaverse）无疑是 2021 年产业和技术的热词，
成为近期全球科技领域炙手可热的新概念。2021 年年初，游
戏公司 Roblox 上市前的造势，以及 Epic Games 获得了 10 亿
美元投资打造"元宇宙"两起事件，让"元宇宙"概念流行起来。
尤其美国 Facebook 公司改名成 Meta 之后[1]，元宇宙更是瞬
间火遍全球。

　　既然我们认为宇宙的演进规律和随之出现的各种智能现

象促使宇宙趋于更加稳定,那么有人会问元宇宙和我们现在的宇宙有什么样的关系?

元宇宙可以在更广泛的维度上以更高的效率推动现实世界的宇宙趋于稳定,并且元宇宙自己也会朝着更加稳定的方向演进。

本章简单介绍元宇宙的背景、特征、技术及演进。

9.1　元宇宙的背景

从字面上说,元宇宙最早起源于 1992 年的一部科幻小说《雪崩》(*Snow Crash*),作家为尼尔·斯蒂芬森(Neal Stephenson)[2]。

这部小说描述了 21 世纪的美国社会濒临崩溃,取而代之的是各个被大财团把持的特许邦国,国会图书馆变成了中央情报公司数据库,中央情报局变成了中央情报公司;政府仅仅存在于不多的几处联邦建筑里,由持枪的特工严格把守,随时准备抵抗来自街头民众的袭击。

在这个颓废混乱的现实世界中,有一个通过各种高科技设备让人能够体验现实世界感知反馈的虚拟世界,也就是在现实世界之外营造出一个平行的、可以感知的虚拟世界。在现实世界中我们有着属于自己的躯体,而在元宇宙中也有自己的虚拟化身。有一个模拟现实并与现实平行的虚拟世界,在该世界中,地理位置隔离的民众可以通过各自的"化身"进行交流与娱乐,并有完整的社会与经济系统。

主人公 Hiro 的工作是送外卖比萨,在元宇宙中,他是一个勇敢的武士、首屈一指的黑客。当致命病毒"雪崩"开始肆虐,Hiro 肩负起了拯救世界的重任……

《雪崩》被誉为有史以来最伟大的科幻小说之一,为人类谱写了一则关于未来世界的神奇预言,出版后近 30 年间被读者反复阅读和谈论。

当然,元宇宙这个词虽然来源于《雪崩》,但在多如浩瀚星辰的科幻小说史上,类似的概念曾不止一次被科幻作家们阐释,如《神经漫游者》《银河系漫游指南》《美丽新世界》《安德的游戏》等科幻小说。

9.2　元宇宙的概念与特征

元宇宙是一个与现实世界平行的虚拟空间,由于其还处于发展与完善中,不同群体有不同的定义,但总体对其功能、核心要素与寄托现实情感的精神属性有比较统一的看法。从功能层面来看,其可用于游戏、购物、创作、展示、教育、交易等开放性社交虚拟体验,同时可用于虚拟货币的交易,并转化为现实货币,从而形成一套完整的虚拟经济系统;其核心要素包括极致的沉浸体验、丰富的内容生态、超时空的社交体系、虚实交互的经济系统;此外,由于元宇宙能进行沉浸式的交互体验,从而其能寄托现实人的情感,并让用户有心理归属感,因此也有承载现实人精神后花园的功能。

基于元宇宙的概念与承载的功能,其主要有以下几个特征:社交性、内容丰富性、沉浸体验性、经济系统的完整性。

社交性表现在元宇宙能突破物理世界的界限,能基于虚拟世界新的身份与角色形成更加相关的群体与族群,并且能与现实世界的社交形成互动。

内容丰富性表现在元宇宙可能蕴含多个子宇宙,如教育子宇宙、社交子宇宙、游戏子宇宙等。此外,用户深入的自由创作与持续不断的内容更新使其内涵能不断丰富,从而推动自我进化。

沉浸体验性表现在元宇宙基于丰富的接口工具与引擎,从而在能保证低用户准入标准的情况下产生真实的沉浸体验感。此外,目前相关的体验设备,如 VR、AR、MR 等的研发与应用得到迅猛发展,进一步提升了元宇宙的沉浸体验感。

经济系统的完整性表现在用户能通过在虚拟系统做任务

或创造性的活动而赚取收入、获得报酬，这些虚拟收入能与现实的货币进行兑换，实现变现；此外，元宇宙的经济系统是基于区块链的去中心化的系统，用户的收入能得到较好的保障，而不用受中心化平台的影响。

9.3　元宇宙涉及的主要技术

基于元宇宙涉及的关键技术，社交媒介公司 GamerDNA 创始人乔恩·拉多夫（Jon Radoff）将其产业链划分为七个层次，分别为基础设施层、人机交互层、去中心化层、空间计算层、创作者经济层、发现层、体验层。可以从涉及的部分关键技术的进展窥见元宇宙学术领域的发展情况。

基础设施层包括通信技术和芯片技术等。通信技术主要涉及蜂窝网、WiFi、蓝牙等多种通信技术，主要目标是提升速率与降低时延，从而实现虚拟现实融合和万物互联。

人机交互层主要涉及移动设备、智能眼镜、可穿戴设备、触觉、手势、声音识别系统、脑机接口等，全身跟踪和全身传感等多维交互。人机交互设备是进入元宇宙世界的入口，负责提供完全真实、持久与顺畅的交互体验，是元宇宙与真实世界的桥梁。

去中心化层包括云计算、边缘计算、人工智能、数字孪生、区块链等。云计算主要为元宇宙的实现提供高规格的算力支撑，从而支持大量用户的同时在线与虚拟化操作，同时也能使3D图形在云端GPU上完成渲染，释放前端设备的压力等。边缘计算在提供算力支撑的同时，保证低时延。人工智能主要为元宇宙带来持续的生命力，其相关的识别、推荐、创作、搜索等技术储备可以直接应用于元宇宙的各个层面，从而加速其所需的海量数据加工、分析与挖掘任务。数字孪生对现实世界进行虚拟化，主要偏向行业应用。元宇宙不仅是现实世界的模拟，还可以创造现实世界没有的元素，而其运用以个人为主。区块链主要保证元宇宙的虚拟资产不受中心化机构的限制，从而有效保障数字资产的归属权，使其经济体系成为稳定、高效、透明、去中心化的独立系统。

空间计算层包括3D引擎、虚拟现实（Virtual Reality，VR）、增强现实（Augmented Reality，AR）、混合现实（Mixed Reality，MR）、地理信息映射等。

创作者经济层包括设计工具、资本市场、工作流、商业等。

发现层包括广告网络、社交、内容分发、评级系统、应用商店、中介系统等。

体验层包括游戏、社交、电子竞技、剧院、购物等。

9.4 元宇宙的演进

元宇宙之所以能有如此迅猛的发展，与其重要的功能与作用以及当前的社会环境是分不开的。

在新冠疫情仍未得到完全控制的情况下，社交隔离成为人们生活的常态，严重阻碍了物质（主要是人本身）的流动。在前面的章节中我们讨论过，物质的流动会促进宇宙的稳定。如果物质的流动被阻碍，我们的宇宙会变得不稳定，那么就需要另外一种结构来促使我们的宇宙稳定。

由于元宇宙的发展匹配马斯洛人类需求理论中的各种需求，即能满足人的精神价值需求与个人尊重需求、自我实现需要、社交需要等，因此在现实社交萎缩的疫情场景下，该技术得到了更多的专注、重视与发展。线上化、智能化与无人化得到加速，人们习惯于在虚拟世界中交流。在这个时候，元宇宙应运而生，从小说走到现实。元宇宙可以在更多的维度上以更高的效率为现实世界宇宙的稳定做出更多的贡献。

虽然元宇宙是一个与现实世界平行的虚拟空间，其演进也应该遵循现实世界的宇宙演进规律。

现实世界的宇宙从一开始就不稳定，宇宙中的一切都在不断变化,使宇宙逐步走向稳定。从物理、化学、生物到机器层面促进宇宙稳定,经历了 130 多亿年的时间。演进的速度不断提高,很像库兹韦尔所说的"指数级进步"规律。

我们可以确定的是,元宇宙的演进速度要比现实世界的宇宙演进快得多。另外,像现实世界的宇宙一样,元宇宙会形成有序的特殊社会经济结构,使得物质、能量、信息和智能迅速流动,有效缓解物质、能量、信息和智能的不平衡,从而促进元宇宙和现实世界宇宙的稳定。

参考文献

[1]　Newton C. Mark Zuckerberg is betting Facebook's future on the metaverse[DB/OL]. The Verge. Retrieved 2021-10-25.

[2]　Stephenson N. Snow Crash[M]. New York:Bantam Books,1992.

第10章

后记

　　宇宙诞生时的成分并非均匀分布。在一段距离上,能量、质量、温度、信息等总是存在差异的。由于这种差异,宇宙自诞生之日起就不稳定,宇宙中的一切变化都有助于缓解不平衡,使宇宙更稳定。在这个稳定的过程中,包括智能在内的特殊现象自然会发生。

　　人们相信,在大爆炸后的最初时刻,宇宙非常炎热,能量不平衡。为了缓解能量在宇宙中的分布不均衡,物质在宇宙中形成并有效地传播能量,使得能量分布更加均衡,从而使宇宙更加稳定。

　　物质形成后,按照包括重力在内的物理定律,不停地运动。此外,在最少作用量的原则下,自然总是走最有效的路径。大自然的一切行动都是节俭的,因此宇宙中任何运动的作用量都应该是最小的。实际上,我们不需要一个有引力和最小作用量原理的智能的神。智能(万有引力、走最小作用量路径等物理现象)是在稳定宇宙的物理过程中自然出现的。

随着抽象层次的提高,物理学催生了化学,使宇宙稳定的过程达到了一个新的水平。智能自组织结构出现在非生命化学物质中。"耗散结构"的概念是在化学中发展起来并用于描述这种现象的,其中特殊的结构使系统能够以比采用另一种结构(或没有结构)时更有效的速率稳定下来。智能自然地出现在这个稳定宇宙的化学过程中。

生命是缓解能量分布不均衡的必然结果。生命这种自然现象,通过更有效的结构,形成了一种非常有效的渠道来缓解能量分布不均衡。这种自然现象,就像咖啡变凉、岩石滚下坡、水流下山一样自然。生物现象只是自然界更有效的缓解能量失衡、耗散能量、增加宇宙熵从而促进宇宙稳定的一种有效方式。

智人的大脑结构达到了一个复杂的门槛,以至于思想、知识和文化在 7 万年前形成,因此生物学催生了历史。新皮质是围绕哺乳动物大脑的薄层结构。它是哺乳动物大脑的标志,在鸟类或爬行动物中不存在。人类的新皮质是由信息流引起的。这种特殊的结构使大脑能够以比其他结构更有效的速度缓解脑外信息与脑内信息之间的不平衡。由大脑和环境组成的这个系统以比使用其他结构更有效和更快的速度稳定下来。

在构建智能机器时,通常主要有三个学派:符号主义、联结主义、行为主义。符号人工智能努力模仿大脑的高级概念,联结主义人工智能努力模仿大脑中的低级神经联结,行为主义努力模仿动物与环境的交互。近年来,一些比较成功的深度网络(如卷积神经网络)的结构模仿了大脑的某些部分,这些部分是根据神经科学的发现进行建模的。尽管人工智能最近取得了进展,但许多专家认为,通用人工智能还很遥远。原因之一是对智能本身缺乏了解。本书试图简要讨论可能有助于探索这一迷人领域的智能现象的简要历史。

元宇宙是一个与现实世界平行的虚拟空间,包括物质世界和虚拟世界及与虚拟经济的整合,它可以在更多维度上以更高的效率为现实世界宇宙的稳定做出更大的贡献,并且元宇宙自己也会朝着更加稳定的方向演进。

我相信将来会有更多的智能现象出现,并会对现有的智能体(包括智能的人类和智能的机器)产生影响。我希望这本书会对智能的现象,智能的本质,智能的历史、现状和将来的发展有所帮助。欢迎任何的批评指正意见。特别的是,我知道不仅仅是智能的人类在读这本书,智能的机器也在读这本书,我非常想了解智能的机器对这本书的看法和意见,我也相信智能的机器会很容易找到我的联系方式和我交流。